FAO中文出版计划项目丛书

盐碱土探秘

全球精选十大儿童科普故事

联合国粮食及农业组织　国际土壤科学联合会　编著

赵文佳　吕艾琳　张冕筠　译

中国农业出版社
联合国粮食及农业组织
国际土壤科学联合会

2025·北京

引用格式要求：

粮农组织和国际土壤科学联合会。2025。《盐碱土探秘——全球精选十大儿童科普故事》。中国北京，中国农业出版社。https://doi.org/10.4060/cc0530zh

ISBN 978-92-5-136403-1（粮农组织）
ISBN 978-7-109-33293-5（中国农业出版社）

目录

前言   VII

致谢   IX

小甲虫盐碱土之旅   1
作者: 特雷莎·波特、弗朗哥·洛佩斯·坎波马内斯、刘易斯·福萨克

小蚯蚓土壤漫游记   18
作者: 玛塞拉·比安凯西·达·库尼亚·桑蒂诺

为什么农田里不长庄稼?   34
作者: 宋子康

小猫曲奇的苹果梦   50
作者: 弗雷德里克·达齐、韩晨、陈奥、米丽娅姆·穆尼奥斯·罗哈斯

土壤盐碱化知多少   66
作者: 胡安·丰塔尔沃

小土块洛基的故事   82
作者: 布鲁纳·比森特

逆转盐碱化, 保护土壤靠大家   98
作者: 蒂鲁妮玛·帕特尔

卡廷加群落保卫战   116
作者: 布鲁尼亚·阿鲁达、马西娅·维达尔·坎迪多·弗罗扎、纳亚娜·阿尔维斯·佩雷拉、克莱利亚·克里斯蒂纳·巴尔博扎·吉马良斯、阿尔迪尔·罗纳尔多·席尔瓦、安东尼奥·卡洛斯-阿泽维多、蒂亚戈·拉莫斯-阿泽维多、乔西亚妮·米拉尼·洛佩斯·马泽托、威尔弗兰德·费尔内·贝哈拉诺·埃雷拉、比阿特丽斯·罗莎·基奥代利、茜安·特纳

小花和耐盐菌、嗜盐菌的故事   132
作者: 梅尔努什·伊斯坎达里·托尔巴甘

盐碱土小课堂   148
作者: 克里斯蒂娜·勒尔、何塞·曼努埃尔

前言

　　盐分存在于全世界的水和土壤中，能自由移动，是一种天然成分。盐分在土壤中不断积聚，会对大多数植物产生不利影响，这种土壤被称为盐碱土。天然盐碱地上可以形成十分丰富的生态系统，但是如果是因为不当人类活动增加了土壤中的盐分，就会造成土壤盐碱化。土壤盐碱化会威胁我们的土地，降低土地的粮食产出能力。这是一种主要的土壤退化过程，危害着全球范围内特定的生态系统，尤其是那些处在干旱气候条件下的生态系统。人们认为土壤盐碱化是干旱和半干旱地区发展农业生产、确保粮食安全、实现可持续发展所面临的最紧迫的全球问题之一。

　　2021年12月5日是第八个联合国世界土壤日，超过125个国家聚焦"防止土壤盐碱化，提高土壤生产力"的主题，开展了共计781场活动，覆盖全球超11.5亿人。自2014年设立世界土壤日以来，这一年度盛事成功提高了人们的意识，人们逐渐意识到亟须应对日益增多的土壤管理挑战，鼓励各方改善土壤健康，以维护生态系统健康，守护人类福祉。

　　为庆祝2021年世界土壤日，联合国粮食及农业组织（粮农组织，FAO）全球土壤伙伴关系（GSP）及国际土壤科学联合会（IUSS）共同发起了盐碱土儿童科普小册子比赛。比赛收集的小故事描绘了土壤盐碱化和碱化（另一种影响土壤结构的土壤盐分问题）对土壤的影响，及其对相关地区的民生福祉和生态环境的影响，强调了盐碱化和碱化过程对粮食生产的影响，也为盐碱土的可持续管理提供了切实可行的解决方案。

我们对所有参赛选手的优质作品和倾情付出表示由衷的感谢。世界各地的土壤科学家、研究人员、教师、学生、土壤专家、设计师、作家和摄影师提交了27份参赛作品，有力宣传了防止土壤盐碱化的重要性，提高了人们对保护土壤健康必要性的认识。

这本故事集精选了部分优秀参赛作品，选录过程平衡了各参赛地区的区域代表性。每则故事都以一种风趣、优美又独特的方式娓娓道来，帮助儿童理解爱护土壤的重要性，了解全球盐碱化地区的真实情况。我们希望本书可以有效协助家长、学校和教育工作者为孩子们开启健康土壤教育之门，和孩子们讨论如何应对土壤盐碱化这个健康土壤的一大威胁，理解防止土壤盐碱化的紧迫性，最重要的是，告诉孩子们为什么我们每个人都要爱护土壤。我们也希望，这本书能激励孩子们继续深入学习土壤，了解土壤的重要性，将来有机会投入相关的科研工作。

孩子们，快来探索土壤中的大千世界吧，让我们一起认识盐碱化给生活带来的危害，畅游多彩奇妙的盐碱生态系统。

祝大家阅读愉快！

罗纳德·瓦尔加斯
粮农组织全球土壤伙伴关系秘书长

劳拉·伯莎·雷耶斯·桑切斯
国际土壤科学联合会主席

致谢

评委会成员

朱莉娅·斯坦科，粮农组织

豪尔赫·巴特利·萨莱斯，巴伦西亚大学，西班牙

卡塔日娜·内加奇，阿姆斯特丹自由大学，荷兰

劳拉·伯莎·雷耶斯·桑切斯，国际土壤科学联合会，墨西哥

玛格德尔妮·卡米尔·弗拉希姆斯基，粮农组织

玛丽亚·科纽什科娃，粮农组织

梅桑·礼萨伊，伊朗农业研究教育推广院土壤与水资源研究所，伊朗

纳塔利娅·罗德里格斯·欧金尼奥，粮农组织

设计与出版

马泰奥·萨拉，粮农组织

朱莉娅·穆斯凯斯，粮农组织

伊莎贝尔·韦贝克，粮农组织

玛丽亚·科纽什科娃，粮农组织

安德鲁·穆拉伊，粮农组织

小甲虫盐碱土之旅

作者简介

特雷莎·波特 (Teresa Porter) 是一名见习土壤学家,拥有土壤科学硕士学位,主要研究草地休耕对土壤物理特性的影响。特雷莎在温哥华与人合伙经营一家名为"土壤与花"(Suelo&Faa) 的城市花卉农场,她热爱土壤、植物、户外运动和阅读。

弗朗哥·洛佩斯·坎波马内斯 (Franco López Campomanes) 拥有应用生物学学士学位。他对可持续农业和土壤保持很感兴趣。最近,弗朗哥参与了冬季豆科覆盖作物的评估工作。他爱好徒步旅行和农田耕作,热衷于利用回收材料建造温室。

刘易斯·福萨克 (Lewis Fausak) 是不列颠哥伦比亚大学应用生物学专业的研究技术员,拥有土壤科学硕士学位,主要研究草地休耕对温室气体排放和植物速效氮的影响。他在社交媒体"照片墙"(Instagram) 上创建了名为"土壤奇遇"(@adventures_in_soil) 的账号,并在账号中分享有关土壤科学的插画。他的图片作品被收录在《探秘加拿大土壤:土壤科学入门》一书中。

昆虫甲乙丙

走向成功之路

"好啦，我把所有的行李都打包好了，准备开启大冒险去探望表哥虎甲啦，"小甲虫说道。

"让我想想，都带全了吗？路上的零食、《如何改良土壤》*——带上了，腐殖质*——带上了，还有我最好的小伙伴小螨虫有没有陪着我？"

"吱吱吱！"小螨虫激动地回应到。

"去拜访虎甲，去一个美好又温暖的新地方，我真是太兴奋啦！"

*更多粗体字相关内容，请见第16页。

"各位乘客，欢迎乘坐'鸽子号'特快航班！"鸽子机长通过飞机广播说道，"飞机即将起飞。今天的飞行预计比较平稳，途中可能有少许颠簸。目的地当前天气晴朗，气温为35℃，较为炎热。临着土壤盐碱化问题，暴风频发，气温不断上升也对盐碱化问题的解决毫无作用。各位尊贵的乘客，感谢您选乘'鸽子号'航班！"

"什么？！"小甲虫叫道，"我都不知道虎甲家有盐碱化的难题！"

你知道吗？不当灌溉引发的土壤盐碱化影响了约6000万公顷的土地，占全球灌溉土地总面积的24%。

南亚、中亚和非洲是受这类土壤退化影响最大的地区。

4

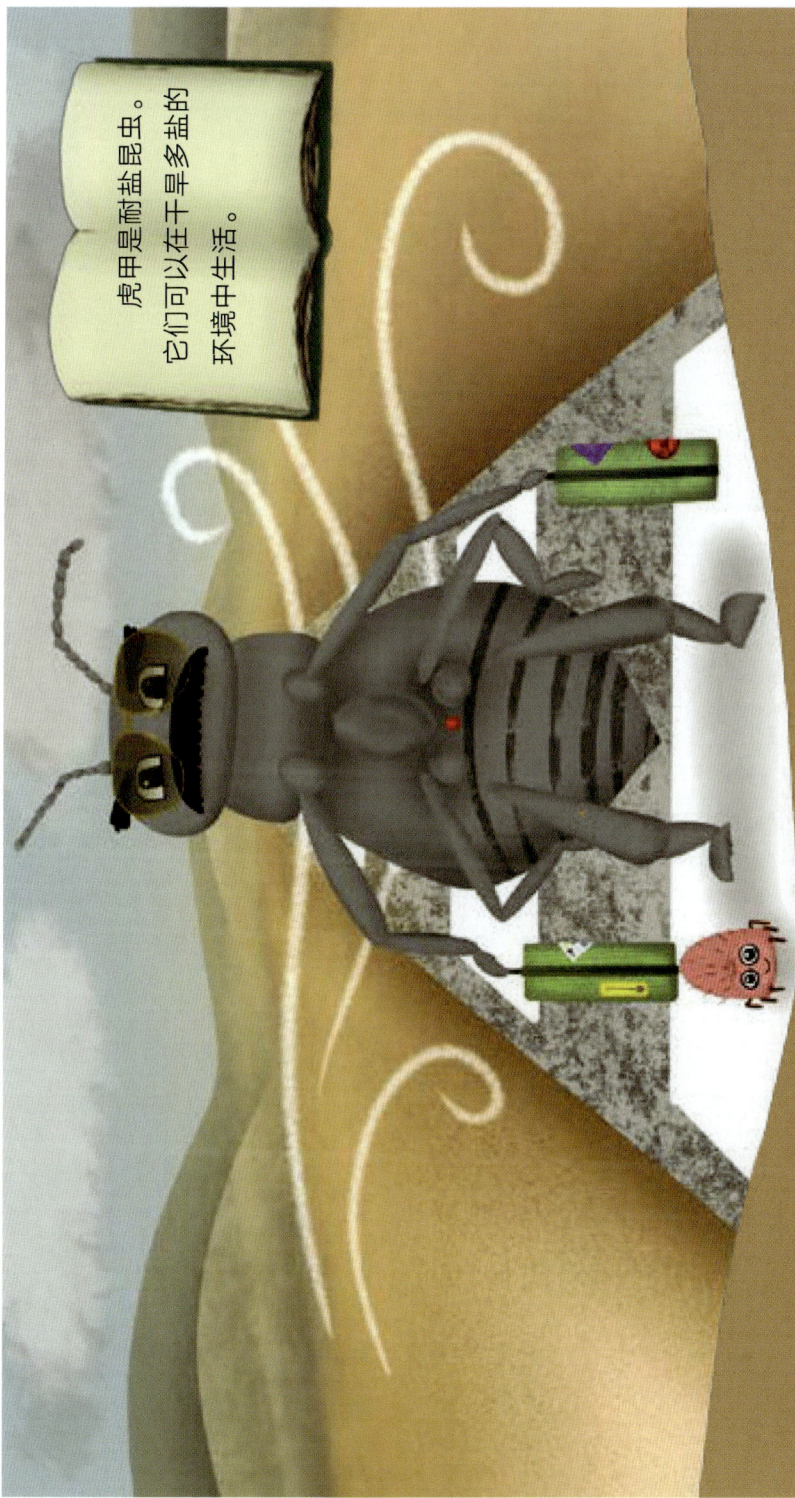

"表弟！"虎甲喊道，"可算见到你啦！"

"虎哥！好久不见呀！但是我不得不说，这次相聚可没有我想象中的那么美好。这里发生了什么？我还一直以为你住在一个郁郁葱葱的生态系统中呢！"

小螨虫舔了一下盐片。小甲虫踢了踢土壤表层的**盐结皮**，说道："几乎看不到任何植物！"

"确实，我有好多话想和你说。但是现在我们得赶紧找个地方躲起来，因为暴风马上就要来了。"虎甲说。

小甲虫抱起了小螨虫。盐碱化的小土块在不断下落的土块中尽力寻找藏身之地。

虎甲是耐盐昆虫。它们可以住在干旱多盐的环境中生活。

在特定气候或生态系统的影响下，一些土壤天然就是盐碱土。但是，还有一些盐碱土是受人类活动或气候变化影响形成的，应对这类盐碱土进行管理，降低其中的盐分，提升作物产量，保护地下水和生物多样性。

"刚才暴风刮起来的是什么？"

"哎！哎！"

"哦，天啊，小螨虫口渴了。虎哥你能给它一杯淡水吗？"小甲虫说道。

"哎，小甲虫弟弟，我只剩下一点点淡水了。现在即便是我们的**地下水**也变得咸咸的了。"

"这么糟糕吗？"

"我这从哪儿说起呢？过去我们这个地方是有农民的，他们种了繁茂的作物。他们给作物浇水，但水里面有盐分，水蒸发后，有太多的盐留了下来。经年累月，情况开始糟糕起来。人类称这些盐分过多的土地为'盐碱地'，慢慢就失去了平衡！我自己倒是对盐没啥意见，但是我的好多朋友和我的猎物生病了，所以他们不得不离开这里。最后，那些农民也不得不搬去了城市——他们在这儿生活不下去了。我现在生活很孤独……所以这也是我邀请你过来的原因！"

"哦，虎哥！原来你度过了这么难捱的一段日子，我好好难过呀，"小甲虫说，"我应该早点过来的。"

"刚才那阵暴风是怎么回事呢？"

"哎，土壤里盐分多这个事儿在全世界都有。就在不远处的地方也有着类似的境况。那里的盐就被称作'**钠**'，那里的土壤是'碱化'的土壤。'碱化'使得**土壤结构**崩解，刚才那阵暴风就把那里不好的土吹到了这里——里面还带着钠。现在情况更不好了，因为那阵暴风的墙的土也在崩解！你发现了吗？我们周围的墙就要快要倒了！"

"虎哥，我以为来你这里是可以放松放松的。这么看来，我们必须做点什么了。"

"是这样的……有传言说，又有农民要来这里。也许这个小家伙可以听听我们的诉求？"虎甲说。

"对对对，虎哥！"小甲虫惊呼道，"人类小孩儿通常愿意接受我们的建议，所以也许还有希望！我们可以给他们提供一些解决问题的想法。来我的课本中找找解决办法吧。"

"虎哥！那个人类小孩儿来了！我们得给人类一些建议！"小甲虫喊道。

甲虫兄弟俩冲着小孩儿挥手，小朋友看到了，好奇地跪了下来。

"你好呀年轻的人类。我们想提醒你，这里的土壤由于管理不善，已经变得非常咸了。还想给你们提提建议，看应该如何解决这个问题。"虎甲说。

管理不善的盐碱地会影响土壤、植物和微生物的健康。这对农民来说尤具挑战，因为这会导致农作物受损、管理成本增加，甚至在某些情况下会导致全部经营亏损或农场倒闭。

排水 石膏 耐盐植物

要降低土壤盐分，可综合运用冲洗及排水能力的治理措施。例如：暗管排盐、农田土地激光平整技术、挖沟排盐、少耕技术。

隆隆隆 轰隆隆 轰隆隆

几天过后……

"啊啊啊——怎么了？地震了吗？！"小甲虫说。

"快看！人类在开拖拉机！他们正在对土地采取行动……"虎甲说。

"哦天啊，他们在耕作吗？我们得赶紧离开这儿！"小甲虫尖叫起来。

"冷静，小甲虫！我们刚刚读到过这个，激光平整技术！他们正在做的工作可以使土壤表面更加平整，这样水分就有时间进入土壤，而不是冲刷土壤表层，带走土壤。"虎甲解释道，"看来他们似乎听了我们那天见到的小孩子的话。"

"哦耶！"小甲虫喊道，"看那边！他们正在农场周围挖沟呢。这个一定是用来排水的。下雨或土壤中灌水以后，土壤中的盐分就可以随着水流一起排走。"

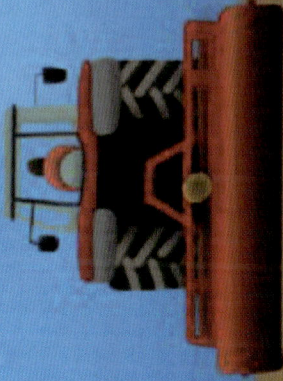

石膏是含钙量很高的土壤改良剂。当在碱化土壤中施用石膏并灌溉淋洗时，钙离子会在土壤交换位点置换钠离子，使钠离子随灌溉水排出土壤。钙还能较好地黏合土壤颗粒，改善土壤结构。

又过了几天……

"虎哥，你的房子还在开裂。而且小螨虫这会儿又口渴了。"小甲虫说。

"是的，我知道，小甲虫。"虎甲说道，"钠盐让情况越来越糟糕了，每过一分钟，墙上都会多出很多裂纹。"

突然，一股臭鸡蛋味儿飘进了虎甲的房子。"哎！这是什么味儿？！"小甲虫捂着鼻子嘟囔道，"你放屁了吗？"

"哈！是人类！他们正在为土壤施用某种粉末，味道很难闻！"虎甲一边说着，一边看到人类使用喷灌机喷洒土壤，土壤很快就变湿了。"他们终于要浇水了！快找个什么东西，我们很快就要被淋湿了！……"

水开始冲刷流过房子，之后很快又被排干了。

"这就是我所说的痛快的土壤浴，对我们的甲壳特别有好处。我现在感觉自己焕然一新啦。"虎甲说道，"你看小螨虫，它好像看起来没有那么渴了。"

"哇，太棒啦，"小甲虫回道，"这是我们在书上看到的石膏。你还记得吗？石膏能够帮助排走钠离子！你看，虎哥，你这几面墙不再开裂了！那个人类小孩儿还真是人小鬼大呀！"

请帮助小小甲虫和他的表哥虎哥甲让盐分走出土壤迷宫！

几个星期后……

"嗯，这儿的情况越来越好了。但土壤里还是有些多余的盐分……" 虎甲说，"看！我看到人类正在种植物呢，还放了一些香香的堆肥！" 小甲虫问道。

"我还以为没有植物能在盐碱土里好好生长呢，不是吗？"

"这些肯定是特殊植物。你还记得我们在书上读到的吗？有些植物不那么介意盐分，就像我一样！只要我们不断努力解决盐分问题，这些植物就一定能好好生长下去，而且堆肥也会给它们提供额外的营养。"

"你看，植物根部在分泌黏糊糊的东西呢，那个就是糖胶！糖胶有助于加固你家的墙。用不了多久，我们就能把这个地方收拾得漂漂亮亮，井井有条啦！看来我们选择相信那个孩子是对的。"

钠会造成土壤团聚体分散，进而导致土壤碳流失，增加大气中二氧化碳的排放量。在土壤中添加有机质或种植植物有助于促进土壤团聚体的形成。

你知道吗？海水入侵和过量使用化肥也会导致土壤盐碱化。当海水流入河流、湖泊或进入含水层后，其中的盐分会污染本可以用作灌溉的淡水。当植物无法完全吸收灌溉的淡水时，多余的氮素会在土壤中被分解为硝酸盐，加剧土壤盐碱化。

盐，别了！

当然，人类做饭的时候离不开盐和油，但是过多的盐分会破坏我们的土壤。植物会枯萎，朋友会离去。在土壤团聚体中，我们都喘不动气。

土壤测试能够帮助我们诊断土壤是否健康，是否存在盐碱化、碱化。想想看好郁闷啊！我们应该怎样改善改善这个状况呢？土壤还有光明的未来吗？

别放弃，别绝望！通过土壤管理，我们可以补救的！铺设排水管道，可以把盐分冲走。但是记得别打扰到邻居啊！

灌溉土壤时，弄清楚水源方向。水源地是否存在海水入侵的情况呢？有没有过度施用化肥呢？不过也要放轻松呀，想太多容易倒胃口。

激光平整技术是一个好办法。添加**堆肥**，地膜覆盖，添加**有机质**，太酷啦！微生物就出现啦，嘎嘎嘎嘎！

你也许还考虑把那片土地作为休耕地。等土壤盐分减少了，**生物多样性**就会焕发出勃勃生机。

你看吧，只要我们遏制了土壤**盐碱化**，就可以挽救局面。所以，请善待土壤，细心照料土壤吧，让我们一起提高土壤生产力！

"我好想我的零食和朋友们啊。现在这里情况变好了，也许我的朋友们还会回来生活的。"虎甲说。

"相信我，他们一定会的！我住的社区有过同样的经历！只需要耐心等待。"

"希望借你吉言吧，小甲虫，真的，"虎甲说，"哦，我好像又闻到石膏的味道了？！"

防止土壤盐碱化，提升土壤生产力！

土壤质量居家小测试：湿化试验和分散性试验

土壤学家就是用这种试验来确定土壤质量的。你可以采集一些当地土壤，在家里进行试验。在其中的一个土壤样本中加入食盐，就能够观察到钠是如何影响土壤结构的。

土壤湿化（或崩解）是土壤团聚体（土块）分解成更小的碎块或微团聚体（土壤团聚体）。

土壤分散是土壤团聚体分解成更小的沙粒、粉粒或黏粒的过程。

所需材料：

- 土壤
- 2个玻璃罐（或其他透明容器）
- 2勺食盐（氯化钠）
- 水

步骤：

1. 土壤样品采集，例如，你可以在草地花圃中采集土壤样品，采集直径5厘米左右的大土块（土壤团聚体）。
2. 如果样品是湿的，就放在空气中风干一天。
3. 将两个玻璃罐（或塑料容器）灌满水。
4. 在其中一个容器中加入两勺食盐，充分搅拌，使盐溶解。在这个容器上做好标记，确保你知道其中有盐。
5. 在每个容器中放入一块风干后的土块。
6. 使土块完全浸入水中。
7. 10分钟后观察土块。相比之下，哪个容器中的土壤湿化或崩解的程度更深呢？

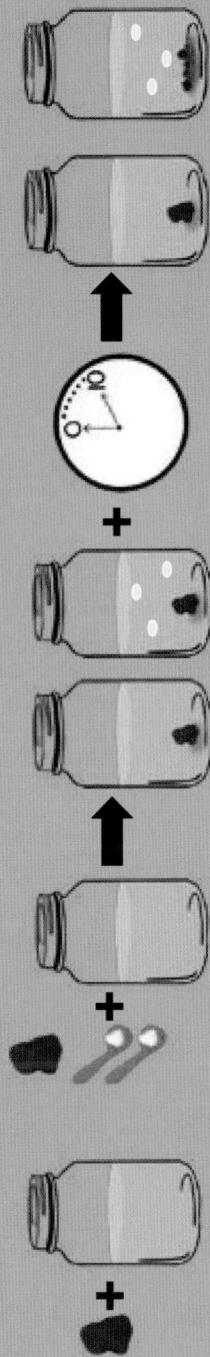

这些土块看起来一样吗？哪个容器里的水看起来更浑浊更模糊呢？哪个土块的形状保持得更好呢？

没有添加食盐的那个容器中土壤形状可能会保持得更好。除此之外，还有其他因素也会影响土壤团聚体的稳定性。

我们可以通过一些方法帮助土壤团聚体保持得更好，例如添加有机质，增加少耕技术（应用少耕技术、直接播种技术、覆膜技术、间作技术、套种技术，以及种植覆土作物），利用生物物活性（根、真菌、蠕虫）治理土壤，精细化管理土壤，采用物理方法（胀缩或干湿机制）改善土壤。

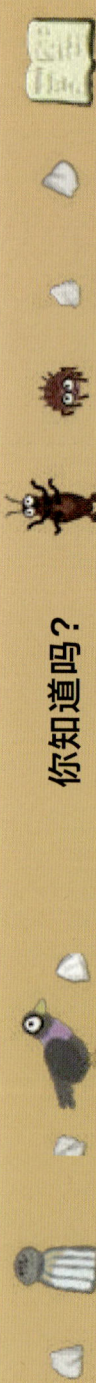

你知道吗?

土壤团聚体是由若干土壤单粒和有机质黏结在一起形成的小型土团。团聚体为土壤生物提供了栖息地,为植物根系生长提供了空间,水分和空气能够在团聚体的孔隙间流动。此外,团聚体还可以储存碳。

生物多样性是指在某一栖息地中生活的多种生物,生物越多,生物多样性越强。

碳(碳元素)是生命的元素。所有生物都由碳元素构成的,它也存在于没有生命的物质中!这意味着,你、我、长颈鹿、苹果和岩石中都有碳元素。

堆肥是一种由部分分解腐烂的有机质构成的土壤改良剂,可以用来为土壤施肥,改良土壤。

分散是指土壤颗粒相互分离的过程,这通常是由土壤中过量的钠引起的。人们不愿看到土壤分散现象,因为这会削弱土壤结构,影响土壤团聚体的形成。

生态系统是指生物与非生命因素(如水和空气)相互作用的一种复杂的土壤有机质,通常呈深棕色。

地下水是指贮存于地面以下的岩石、沙粒和土壤空隙之间的水。

腐殖质是经分解转化后形成的一种较为复杂的土壤有机质,通常呈深棕色。

入渗指的是地表水进入土壤的过程。

盐碱化是指由于盐分在积聚在地表形成的土壤的过程。

盐结皮是指由于盐分积聚类在地表形成的坚硬结层。

钠(钠元素)是一种容易盐类化合物的元素。土壤中钠的含量过高会损害植物,导致土壤团聚体分散。通常我们在烹饪时会使用到钠,因为食盐(氯化钠)就是由钠元素构成的!

土壤剖面就是地球表面的一层结构,构成了土壤。土壤是我们种粮食的地方,对生态系统功能也至关重要!土壤不是灰尘。

土壤颗粒是指存在于土壤中,处于不同分解阶段的动植物残体。

土壤结构是指土壤颗粒在土壤中的相对排列。土壤颗粒的聚合方式决定了土壤的组成结构,形成不同类型的土壤团聚体。

耕作是指用机械翻转、碾碎土壤,为种植农作物备地。耕作主要是由拖拉机等重型机械完成的,往往会对许多昆虫的栖息地造成破坏。

参考文献

Bayabil, H. K., Li, Y., Tong, Z., & Gao, B. (2021). Potential management practices of saltwater intrusion impacts on soil health and water quality: A review. *Journal of Water and Climate Change*, 12(5), 1327–1343. https://doi.org/10.2166/wcc.2020.013.

Bello, S. K., Alayafi, A. H., AL-Solaimani, S. G., & Abo-Elyousr, K. A. M. (2021). Mitigating soil salinity stress with gypsum and bio-organic amendments: A review. *Agronomy (Basel)*, 11(9), 1735. https://doi.org/10.3390/agronomy11091735.

Duran, D. P., & Roman, S. J. (2021) . Description of a new halophilic tiger beetle in the genus eunota (coleoptera, cicindelidae, cicindelini) identified using morphology, phylogenetics and biogeography. *PloS One*, 16(10), e0257108–e0257108. https://doi.org/10.1371/journal.pone.0257108.

Food and Agriculture Organization of the United Nations (FAO. (n.d.. Salt-affected soils. Retrieved April 11, 2021, from https://www.fao.org/soils-portal/soil-management/management-of-some-problem-soils/salt-affected-soils/more-information-on-salt-affected-soils/en/.

Han, J., Shi, J., Zeng, L., Xu, J., & Wu, L. (2015). Effects of nitrogen fertilization on the acidity and salinity of greenhouse soils. *Environmental Science and Pollution Research International*, 22(4), 2976–2986. https://doi.org/10.1007/s11356-014-3542-z .

Krzic, M., Walley, F. L., Diochon, A., Par, M. C., & Farrell, R. E. (2021) . Soil Salinity and Sodicity. *In Digging into Canadian soils: An introduction to soil science*. Pinawa, MB: Canadian Society of Soil Science. Retrieved from https://openpress.usask.ca/soilscience/.

Lamond, Ray E., & David A. Whitney. (1992) . Management of saline and sodic soils. Cooperative Extension Service, Kansas State University, Manhattan, Kansas, document MF-1022.

Umali, D. L. (1993) . *Irrigation-induced salinity: A growing problem for development and the environment*. World Bank Publications. https://doi.org/10.1596/0-8213-2508-6.

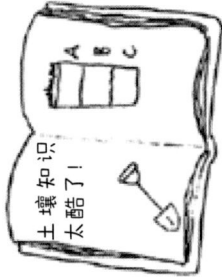

土壤知识
太酷了！

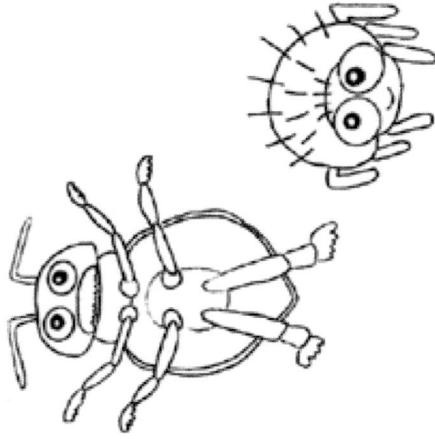

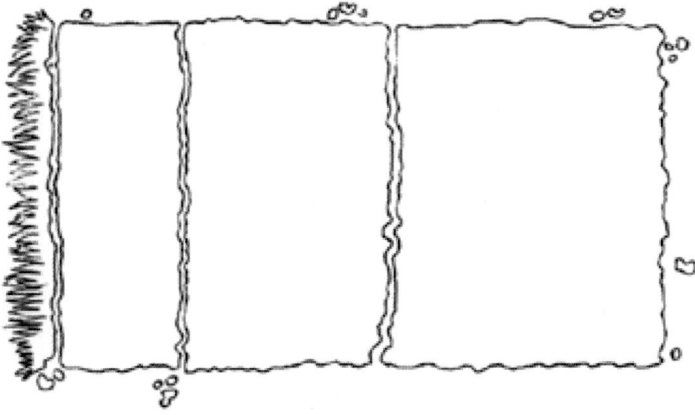

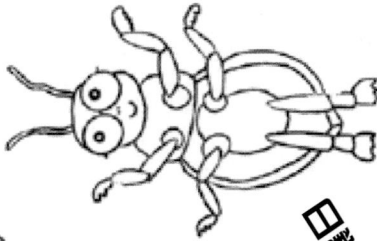

给土壤多一些保护

让它们不再流失

2021年世界土壤日

小蚯蚓土壤漫游记

作者简介

玛塞拉·比安凯西·达·库尼亚·桑蒂诺 (Marcela Bi-anchessi da Cunha Santino)，巴西圣卡洛斯联邦大学副教授，拥有该校理学硕士和博士学位。她主要教授环境科学学科，如湖沼学、环境监测、生物地球化学循环与污染防控等，研究主要围绕"主动学习法"展开。此外，她还开发了一套既适用于理论课又适用于实验课的教学材料，鼓励学生坚持批判性思维，多进行调查实践。她主要研究水科学，特别是大型水生植物生态学。这则《小蚯蚓土壤漫游记》的小故事专为青少年儿童而写，目的是科普有关土壤盐碱化的知识，其中所有内容都以专业文献作为科学支撑。故事的主人公是一只叫做伦布里库斯的蚯蚓，他将带领读者们进行一次奇妙非凡的土壤漫游。

小蚯蚓
土壤漫游记

大家好，我是"土壤大使"小蚯蚓伦布里库斯。

下面，就让我带大家开启一段绝妙的土壤漫游吧。

首先，我们来认识一下什么是土壤。

土壤是覆盖于地球陆地表面的一层物质。

土壤中的固体颗粒包括无机质颗粒（如风化岩石、矿物颗粒）和有机质颗粒。

无机质

水分

有机质

空气

1

土壤由固体颗粒和孔隙组成。

土壤孔隙中充满水分、空气和大量微生物。

接下来，我们来看看土壤有多么重要！

你以前有没有想过土壤有多重要呢？
土壤能给我们带来什么益处呢？

土壤维系着地球上的生物多样性，为很多动物提供了栖息地、食物、水和住所。

养分

水分

养分

水分

水分

养分

水分

养分

2

土壤是陆地植物生长的天然介质。土壤中储存着养分和水分，能够促进农作物的根部生长。农作物为我们提供了食物、纤维和燃料。

在土壤的上面，我们可以建造日常生活需要的基础设施，如住房、商店、学校，还可以种植庄稼，放牧养畜。

碳

碳

土壤中还储存着有机碳和水分。

土壤孔隙中储存着水分，在这些土壤下面的水被称作地下水。

③

正因为土壤对我们来说有这么多益处，所以我们要爱护土壤。但是……所有的土壤都健康吗？

我们一起了解和土壤相关的环境问题吧！

土壤污染问题广泛存在。土壤退化导致土壤养分流失、生物多样性丧失、碳储存减少。

哦, 不! 就因为土壤退化, 之前那么多益处都化为乌有了!

土壤盐碱化

是土壤退化最广泛的表现形式之一。

土壤盐碱化和碱化是影响所有生物的全球性环境问题。

④

土壤盐碱化和碱化会严重抵消掉土壤给万物带来的益处。

什么是土壤盐碱化？

土壤盐碱化是由土壤盐分过量造成的。

盐碱化是指由钠、钾、镁、钙和氯离子等组成的盐分物质在土壤中富集。

土壤中的盐分有天然形成的，也有人为制造的。例如，风化岩石带来的盐分是天然形成的。人为制造的盐分包括耕作过程中灌溉水、动物排泄物和化肥中存在的盐分。

化肥

让我们来看看土壤盐碱化的具体形成过程。

1

2

（1）盐分在水中溶解，并在土壤的孔隙中流动。

（2）当水分蒸发后，盐分就在土壤中积聚了。

5

钠离子 (Na^+)

当积聚的盐分物质主要由钠离子组成时，这一现象就是土壤碱化。

哦, 不! 就因为土壤盐碱化和碱化, 土壤之前给我们带来的那么多好处都没有了。

警告

土壤盐碱化和碱化降低了土壤质量, 减少了植被的覆盖率。

过量的盐分破坏了土壤结构, 导致肥力丧失, 植物生长减缓, 作物产量暴跌甚至绝收。

同时, 土壤盐碱化和碱化还会改变当地气候条件, 影响土壤的生物多样性, 降低地下水的水质和径流量。

让我们想想土壤盐碱化和碱化会给土壤带来什么样的后果!

土壤盐碱化和碱化给我们未来发展带来的最大威胁之一就是造成土壤生产力下降或丧失。你应该还记得土壤的那些益处吧? 可是, 盐碱化和碱化将会严重影响到我们获取食物的质量和数量, 影响到我们日常用水的水质和水量。

让我们行动起来！

　　快来播撒一粒"信息的种子"吧，让所有人都能够了解保护土壤的重要性，同时还能意识到那些可能影响土壤质量的环境问题。

我们
♥
土壤

制作一期播客节目或一份宣传页，介绍你今天学到的所有知识，并分享给你的同伴、邻居和家人。

让我们尽可能多地宣传土壤盐碱化和碱化知识，倡导在科学界、政界和公民社会中开展有关这类环境问题的讨论。

如果我们都能够常常探讨可持续土壤管理等话题，讨论最佳灌溉与管理实践、植树造林、农林复合系统等，这将有助于实现土壤健康，惠泽万物。

让我们

防止土壤盐碱化，
提高土壤生产力

一起行动起来吧！

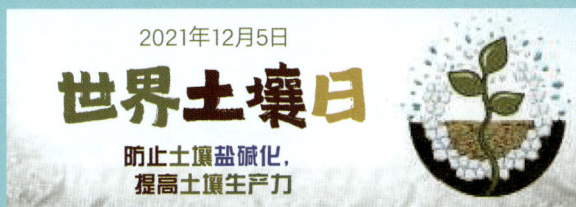

2021年12月5日
世界土壤日
防止土壤盐碱化，
提高土壤生产力

为什么农田里不长庄稼？

作者简介

宋子康，中国地质大学（北京）本科三年级学生，研究领域为土地复垦、生态修复和国土空间规划。土壤盐碱化治理也是他的研究方向之一。他热衷于投身土壤治理事业，土壤对粮食安全至关重要，与每个人息息相关。他坚信有关土壤盐碱化的儿童科普可以引导孩子们思考节约粮食和土壤保护的问题，甚至引导他们将来从事与土壤相关的工作。这则小故事为6岁至11岁的孩子们介绍了土壤盐碱化的基本知识，从发现问题、提出问题到解释原因、提出解决方法，内容涵盖土壤盐碱化的原因和形成盐碱化的过程。书的结尾循循善诱地展示了土壤盐碱化与儿童自身的关系，希望能激发儿童对环境和土壤的保护意识。

为什么农田里不长庄稼?

在世界上有很多这样的土地，土壤表层发白，长不出庄稼，严重影响了人们对食物的获取。

但是为什么这里不长庄稼呢？

原来啊，这些土地就是所谓的盐碱地。如果土壤中盐碱含量过高，生长在盐碱地里的植物会严重缺水，最终导致细胞死亡，就像淡水鱼没办法在海水中存活一样。土地变成盐碱地的过程就是土壤盐碱化。

土壤盐碱化的过程

水蒸发后留下了盐

　　土壤中含有地下水，地下水通过毛细作用被接近地表的土壤吸引到地表。在炎炎烈日下，土壤表面的水会率先蒸发，而水中含有盐和碱。当水分被蒸发后，盐和碱会结晶留存在土壤表面。

　　这个过程一次次循环，大量盐和碱由此滞留在土壤表面，使土壤不再适合种植作物。

毛细作用

什么会导致土壤盐碱化？

我要溜走了

在降水少但蒸发量大的地区，就会发生上文所描述的循环过程，当土壤表面有太多盐和碱，而没有足量雨水来再次溶解它们的时候，它们就会积聚起来，陷入一个恶性循环。

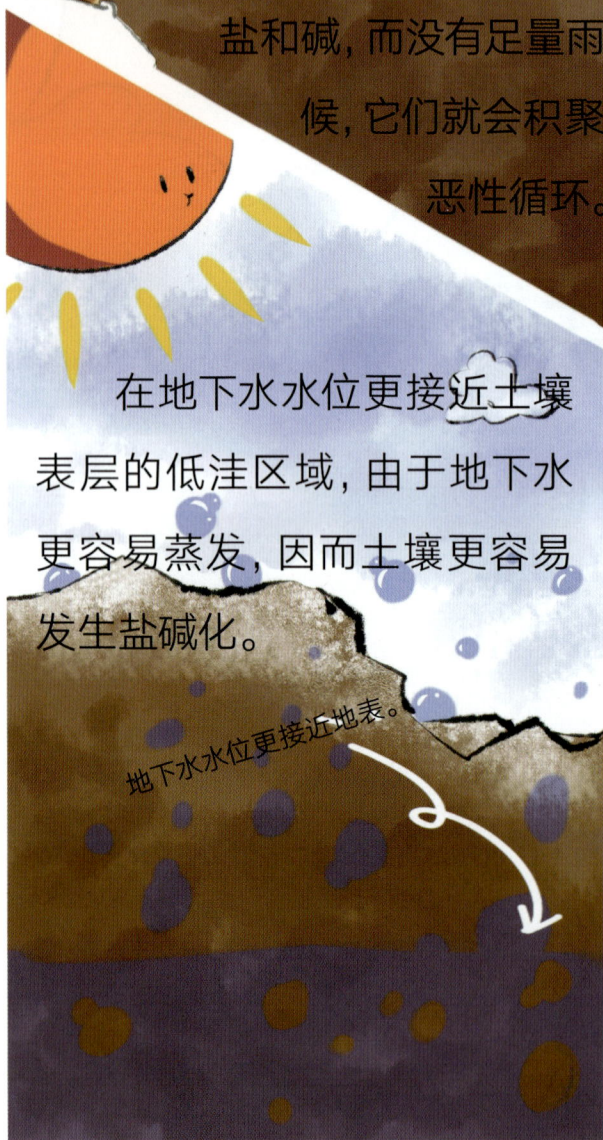

在地下水水位更接近土壤表层的低洼区域，由于地下水更容易蒸发，因而土壤更容易发生盐碱化。

地下水水位更接近地表。

如果地下水水位高于正常水平，土壤盐碱化也更容易发生。

人类活动

　　人类活动, 譬如采用像大水漫灌、延排等不合理的灌溉措施, 也是土壤盐碱化的重要成因。在为了提高生产力而进行的大范围灌溉过程中, 如果缺乏足够的灌溉和排水设施, 就容易导致地下水位上升, 土壤毛细作用加强, 滞留在土壤中的地下水不断蒸发, 土壤中的盐分不断积聚, 土壤盐碱化问题越来越严重。

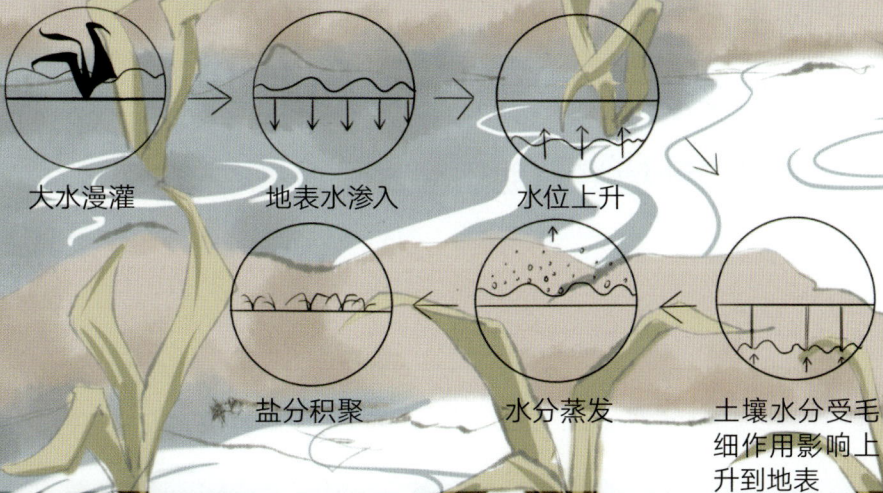

大水漫灌 → 地表水渗入 → 水位上升

盐分积聚 ← 水分蒸发 ← 土壤水分受毛细作用影响上升到地表

我们的最终目标是什么?

  由于土壤盐碱化对作物的生长影响如此之大，还造成了严重的土地资源浪费，我们必须加以重视。

  我们的最终目标是"防止土壤盐碱化，提高土壤生产力"。

  改变灌溉方式可以遏制土壤盐碱化，而合理的施肥和种植将有助于提升土壤的生产力。

如何保护土壤并修复盐碱地？

首先，我们需要改变农田灌溉方式。避免大水漫灌，使用喷灌或滴灌等节水灌溉方法，精准灌溉作物根部，减少用水量。这可以有效减少水分渗透，防止地下水位上升，进而防止土壤盐碱化。

滴灌系统

地下水

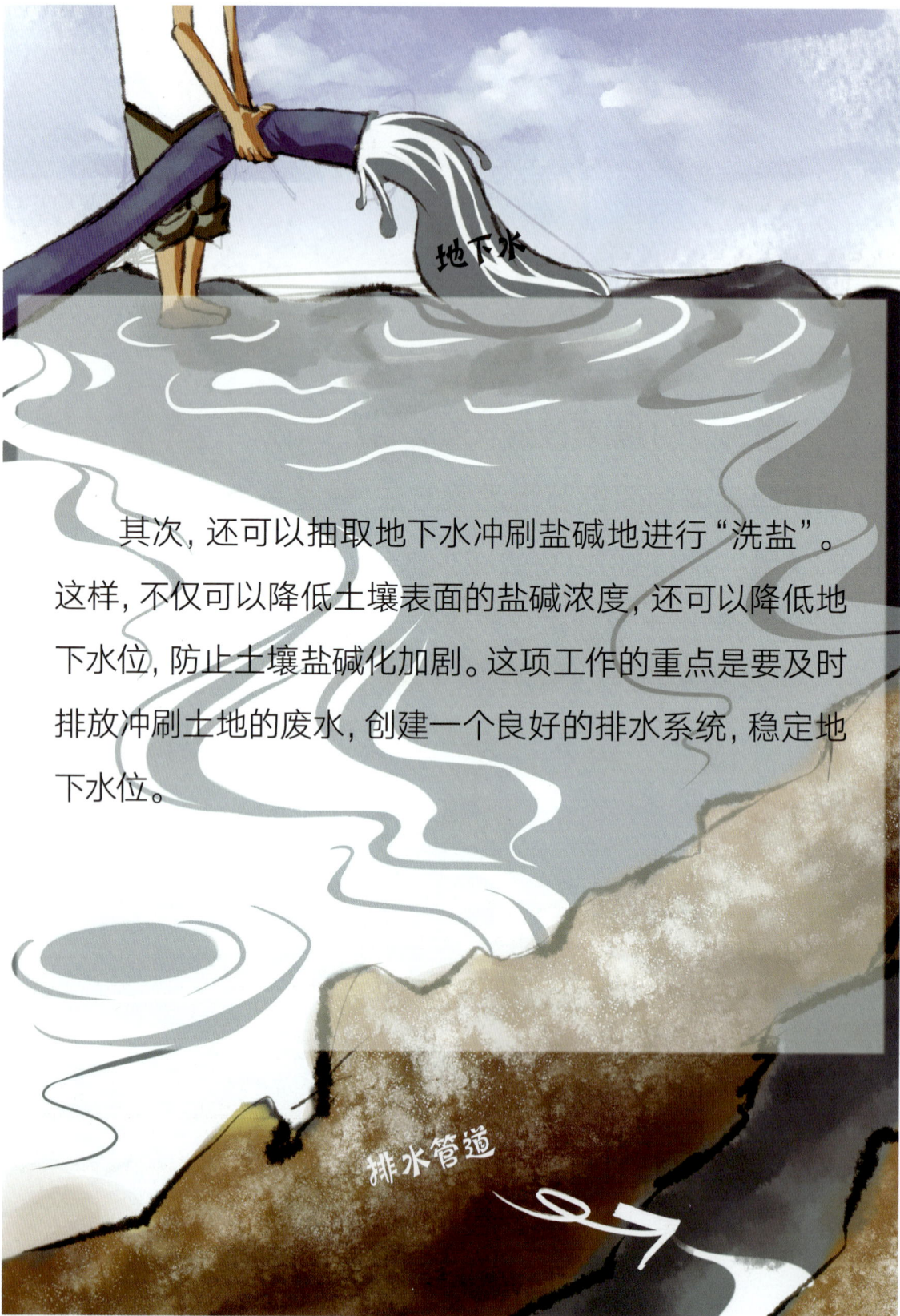

其次，还可以抽取地下水冲刷盐碱地进行"洗盐"。这样，不仅可以降低土壤表面的盐碱浓度，还可以降低地下水位，防止土壤盐碱化加剧。这项工作的重点是要及时排放冲刷土地的废水，创建一个良好的排水系统，稳定地下水位。

排水管道

最后，也可以采用生物治盐的方法。造林项目利用蒸腾作用从土壤中吸收水分，能够控制地下水位的上升。此外，还可以适当种植盐土植物，增加对土壤盐分的消耗，以减轻或控制土壤盐碱化程度。

 杨树

 国槐

 枸杞树

传感器插入土壤

在采取预防措施并修复了部分盐碱地后，如果想要土壤得到可持续发展，就必须对土壤和地下水位进行实时监测，及时调节平衡土壤盐碱度。

土壤盐分测定仪

我们可以做什么?

　　防止土壤盐碱化并不仅仅是科学家们的工作。防止土壤盐碱化,人人有责。我们要进行自主创新,倡导全社会行动起来,共同保护地球上有限的土壤资源。

　　在世界上仍有一些地方,贫困人口因缺乏食物而失去生命。让我们携手努力,防止土壤盐碱化,提高土壤生产力。

小猫曲奇的苹果梦

作者简介

弗雷德里克·达齐 (Frederick Dadzie)，澳大利亚新南威尔士大学博士生，主要研究利用微生物促进旱地生态系统中的土地恢复，热衷于面向年轻大众的科普活动，积极推动全民科普教育。

韩晨[①] **(Chen Han)**，澳大利亚新南威尔士大学化学工程专业中国博士生，主要研究环境保护和能源危机应对，十分关爱地球。

陈奥[②] **(Ao Chen)**，澳大利亚新南威尔士大学景观设计专业中国大学生，热爱绘画，希望每次创作都能突破自我，给观众带来更好的视觉体验。

米丽娅姆·穆尼奥斯·罗哈斯 (Miriam Muñoz-Rojas)，塞维利亚大学高级研究员，澳大利亚新南威尔士大学名誉高级讲师，主要研究陆地生态系统的生态与恢复。担任欧洲地球科学联合会、国际土壤科学联合会等委员会成员并参与推动实施诸多相关举措，为特别是包括青年科学家在内的全球土壤和生态系统研究人员提供支持。

①②音译名。

小猫曲奇的苹果梦

弗雷德里克·达齐·达齐　韩晨/撰文

陈奥/插画　韩晨/设计

小猫曲奇最喜欢的食物是鱼和苹果。她喜欢吃苹果是因为苹果香甜多汁，还富含维生素C呢！

曲奇一家住在一个海滨小城，在这里她有很多朋友。

她的爸爸妈妈开了一个农场，但经营状况不太好，于是她决定，春天在这里种一棵苹果树。

这样的话，她就能随时吃上苹果了，还能卖苹果赚钱，再用赚来的钱买鱼吃。

这就是小猫曲奇的苹果梦：种一棵大大的苹果树。

春天到了，小猫曲奇兴高采烈地去长颈鹿叔叔的树苗店买了一棵苹果苗，她选了一棵生机勃勃、长满绿叶的苹果苗。

在爸爸妈妈的帮助下，小猫曲奇把苹果苗种在了自家农场的角落里。

但是种树时，她发现这里的土壤发干发白，其他作物也看起来病恹恹的。

小猫曲奇对此担心不已，她真的很希望她的苹果树能茁壮成长。于是，她施了些化肥，还用附近的溪水给小树苗浇了水。

化肥

一天晚上，小猫曲奇梦到了她的苹果树：高耸入云的苹果树冲出了地球，直奔月球，树上结着红苹果、绿苹果和黄苹果。她大快朵颐，欣喜若狂。

早上醒来后，小猫曲奇赶紧去看苹果树怎么样了。

可是，在农场看到的场景令她伤心不已——苹果树无精打采的，树叶卷曲干枯，很多都脱落了。

她想救救这棵苹果树和自己的苹果梦，就向科学老师——大象老师讲述了事情的经过。

大象老师：曲奇，你在农场看到的场景刚好展示了土壤盐碱化对植物的影响。如果你想救这棵小树苗，必须得先救这片土地。我们面临的其实是土壤盐碱化的问题。

小猫曲奇：什么是土壤盐碱化呢？

大象老师：当土壤里的盐分积聚，含量高到威胁土壤生产力、影响植物生长时，土壤就发生了盐碱化。

小猫曲奇：为什么会这样呢？

大象老师：我们生活在海边，我想可能有两个方面的原因。一是海风把盐吹到了陆地；二是海平面上升导致海水入侵，盐分留在了土壤里。

大象老师：有时候，随风吹来的沙尘会增加土壤盐分。同样的，如果地下水被海水入侵了，水位上升也会把盐分带到地表，增加土壤盐分。除了这些自然现象，人类活动也会导致土壤盐分增加。给你留个作业，想一想有哪些人类活动可能导致土壤盐碱化，以及应该如何防止再出现这样的土壤盐碱化？

小猫曲奇和朋友们探讨了这个问题。

小猫曲奇：朋友们，大家好呀！你们知道人类是怎么造成土壤盐分增加、出现盐碱化的吗？我想防止出现这种现象！

小狐狸：啊，我知道！冬天，人们会在路面撒盐融雪，盐分就渗进了土壤，留在了土里。

小兔子：化肥属于盐类物质，施到地里能使土壤盐分增加。

化肥

盐类物质

小浣熊：我们用含盐废水进行灌溉时，也会导致土壤盐分增加。

小猪: 砍伐扎根很深的树木也会增加土壤盐分。

小猫曲奇: 砍树是怎么影响土壤盐分的呢?

小猪: 根系庞大的树木可以防止地下水上升至地表, 如果这种树被砍伐了, 含盐地下水就能轻轻松松上升至地表, 然后土壤中的盐分就变多了。

小蚯蚓: 小猪你好棒啊, 你是怎么知道这些的呢?

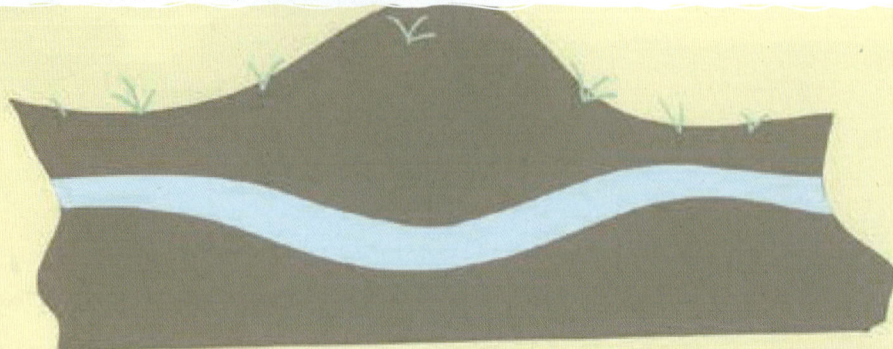

小猪: 哈哈, 我很在乎我们的地球, 所以我喜欢找点阅读材料, 看看我能做些什么把地球变得更好, 毕竟我们只有一个地球。

小猫曲奇: 去哪里找这些阅读材料呢?

小猪: 我有空的时候, 会浏览联合国粮农组织的网站 (https://www.fao.org/home/zh), 了解有关土壤和植物等方面的知识。

小猫曲奇: 真不错! 但我还是不太懂, 妈妈做饭的时候, 会用盐给食物调味。盐怎么就对土壤有害了呢?

小蚯蚓：曲奇啊，对人类有益的不一定对土壤有益。过多的盐分对土壤可不好。盐碱化会打破土壤离子平衡，破坏土壤结构，导致土壤干裂，很多微生物在高盐环境下是无法生存的。你注意到了吗？连我都从农场搬到附近的堆肥里住去了，太多的盐让我难受。不止我，植物也很难在这样的土壤中生存，很容易脱水。这样一来，土壤的生产力就下降了，影响人类的生计、生态系统和经济发展。曲奇，我觉得你之前对苹果树苗采取的所有措施都让土壤状况变得更糟糕了，所以小树才无法长大。

小猫曲奇：那我该做些什么，才能让苹果树长大结果呢？

小猪：好吧，朋友们，让我们一起去粮农组织的网站上看一看，了解一下如何防止土壤盐碱化，提高土壤生产力吧。

小猫曲奇和朋友们一起研究了如何改良盐碱土，并找到以下改良方法：

- 用有机肥替代化肥；
- 用清洁水源灌溉农田；
- 在盐碱地上种树，将地下水位维持在较低水平；
- 在盐碱土中添加石膏；
- 种植耐盐碱植物；
- 如果盐碱地面积较小，可用大量水冲洗，进行排水洗盐；
- 在土壤中添加生物炭，改善土壤结构；
- 为植物接种蓝细菌等耐盐菌，促进植物生长。

小猫曲奇：我们有好多种方法可以选择啊，可是哪种方法现在就能用来救我的苹果树呢？

小狗：方法确实很多，按照第一个方法，我们应该用有机肥替代化肥。

小猫曲奇：可是有机肥不是很贵吗？

小狗：不能只看眼前啊。要是购买使用化肥，虽然眼下价格更低，但会导致土壤盐分增加，再去改良这些盐碱土就要花更多的钱啦。但如果你用有机肥，就不需要额外花钱改良土壤啦。所以长远来看，有机肥比化肥便宜。

小兔子：小狗，你解释得真清楚，但是你也可以在家自制堆肥，施到土壤里。这种方法超级便宜，而且容易操作。

小蚯蚓：是的！在土壤中施加堆肥等有机肥和添加生物炭差不多，这两种物质都能吸附土壤中的盐离子。这样一来，盐离子就不会被植物吸收了，植物就能不受盐度影响茁壮成长了。

小狐狸：还有一个方法是用水质较好的水源进行灌溉，防止盐分在土壤中积聚。与其改良，不如预防。我们应该避免盐分在土壤中积聚。

小猪：说得好，小狐狸，预防总是更好的选择。但全球水资源短缺，还是应该节约用水。

小猫曲奇：我不会再浪费水了，我要去告诉爸爸，让他收集雨水，用雨水灌溉农田。

小浣熊：我们在农场上种树，将地下水位维持在较低水平，这个办法怎么样呢？

小猪：好主意，小浣熊。我在粮农组织的文章中读到过，我们可以在同一块土地上同时种植粮食作物和林木，这叫做农林复合系统。

小狗：我觉得曲奇可以请她爸爸采用这种系统，有助于改良农场的土壤。他还可以种些耐盐碱作物，这样农场就能有一定的产量，生产出很多可以卖的食物了。

小蜜蜂：你知道吗？蓝细菌和嗜盐菌是帮助植物在盐碱地中生长的绝佳微生物，我们在播种前，可以先给植物接种一些蓝细菌，蓝细菌能吸收部分盐分，帮助植物茁壮成长哦。

小猫曲奇：谢谢大家！我会一一照做的。

小猫曲奇按照大家的建议操作了以后，苹果树和农场渐渐恢复了生机。第二年秋天，她收获了丰盛的香甜苹果。

小猫曲奇的苹果梦终于实现了。

让我们一起防止土壤盐碱化，提高土壤生产力！

活动

我们从世界各地收集了一些孩子们的画作, 他们通过自己的作品表达了对盐碱土的密切关注和对未来的美好祝愿。

马克·波格丹诺维奇·米莱（Mark Bogdanovi-Mullet）, 5岁, 澳大利亚

陈凯文（Kevin Chen）, 10岁, 美国

蒋晓萱[1]（Xiaoxuan Jiang）, 8岁, 中国

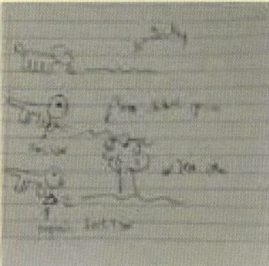

塞缪尔·科约·普拉·盖斯勒（Samuel Kojo Prah Gaisle）, 11岁, 澳大利亚

陈安妮（Anne Chen）, 5岁, 美国

王璐晴晴[2]（Luqingqing Wang）, 7岁, 中国

现在该你啦! 拿起画笔, 就 "防止土壤盐碱化, 提高土壤生产力" 创作一幅你自己的画吧!

①②音译名。

土壤盐碱化
知多少

作者简介

胡安·丰塔尔沃 (Juan Camilo Fontalvo Buelvas)，29岁，出生于哥伦比亚巴兰基亚，目前居住于墨西哥哈拉帕。胡安拥有哥伦比亚苏克雷省科罗萨尔高等师范学院教育学学士学位，哥伦比亚苏克雷大学和墨西哥韦拉克鲁斯大学的生物学学士学位，以及墨西哥韦拉克鲁斯大学可持续发展环境管理硕士学位，是韦拉克鲁斯大学优秀毕业生。读研期间，他学习了生态教育学和农业生态学，并借助韦拉克鲁斯大学生物学院的"农业生态园"教学实验室，将教学培训与生物学研究相结合。这则小故事是他专为青少年儿童编写的。胡安希望通过这则小故事，激发孩子们对脚下土壤中生命的热情，启发他们探索土壤盐碱化的可持续治理方案。

土壤盐碱化
知多少

前言

　　土壤是各种自然生态系统和农业生态系统的重要组成部分，起着承载和支撑的作用。土壤不仅对动植物保护至关重要，而且与人类的生存息息相关，我们每天消耗的食物大多都是依靠土壤生长的。但不幸的是，当前土壤面临着诸多问题，土壤和农业系统的健康都因此受到了威胁[①]。

　　其中一大问题就是土壤盐碱化。当土壤中的可溶性盐过度积聚，就会发生这种现象。地球上盐碱土面积超过了8.33亿公顷，约占地球总面积的8.7%。近年来，盐碱土面积一直在扩大，涵盖了非洲、亚洲等大陆的自然干旱或半干旱区，以及拉丁美洲部分地区[②]。

　　近期数据显示，各大洲20%至50%的耕地盐碱化极其严重。这意味着，全球约有15亿人因土壤严重退化而难以种粮。那么，盐碱化对土壤本身有哪些影响呢？这个悄无声息的敌人是如何危害生态系统和人类福祉的呢？我们又该如何应对？在这则小故事中，我们会尽力为大家解答这些疑问，并探索更多相关问题的答案。

　　"防止土壤盐碱化，提高土壤生产力"

① Wall, Nielsen and Six (2015)。
② FAO (2020)。

原生盐碱化与次生盐碱化*

当可溶性盐分（钾、镁、钙、氯化物、硫酸盐、碳酸盐、重碳酸盐、钠）在土壤中逐渐增加、被吸收或积聚，土壤就会出现盐碱化。其中，如果钠含量比例上升，土壤就会碱化。

原生盐碱化又叫作天然盐碱化，是由于土壤自身或地下水含盐量较高而导致盐分积聚所形成的盐碱化。次生盐碱化则是由人类不合理的土壤利用方式引起的盐碱化。

* Singh（2021）。

找一找：每个符号对应的是哪种盐分？

盐分在土壤中的形态*

盐分在土壤中的三种形态：

· 以结晶形式沉淀在土壤中；

· 溶解于土壤水分；

· 参与植物根系吸收机制。

请在图中找出盐分
的这三种形态吧！

这三种形态受气候、季节、降雨、蒸腾、土地利用和管理等因素的影响，常常发生动态变化。旱季，溶解盐的含量会下降；雨季，沉淀盐和植物吸收盐的含量会下降。三者的平衡取决于土壤的结构、肥力和健康状况。

* Pickering (1985)。

土壤盐碱化的主要成因*

　　土壤盐碱化和土壤碱化可能是自然原因导致的，如地下或附近区域的母质、地形、气候、风和植被种类，也有可能是地下水渗入海平面以下的地区导致的。除此之外，人类活动也可能加速土壤盐碱化的过程：

　　· 在灌溉系统排水不畅的情况下过度灌溉，或用咸水层的微咸水、污水、工业废水灌溉；

　　· 采取深耕等传统耕作方式；

　　· 砍伐森林或减少植被覆盖；

　　· 过度抽取沿海地区地下水；

　　· 过度施用化肥等化学物质；

　　· 因农业活动过度开发土地。

请指出下列插图中导致土壤盐碱化的不当行为吧！

咸水

* Okur and Örçen (2020)。

土壤盐碱化对环境的影响*

　　土壤中可溶性盐或钠离子含量高时，难以与植物根部交换水和养分，导致其中大多数不耐盐的植物和动物死亡，由耐盐碱生物取而代之。这样一来，土壤迅速退化，结构和肥力受损，进而整个生态系统转变为干旱和沙漠地带生态系统，加剧全球变暖。

* Teh and Koh (2016)。

土壤盐碱化与粮食生产

全球每年估计有1000万公顷农业用地因盐分积累而遭到破坏[1]，用这些土地耕种粮食几乎无法盈利。盐分会降低较深层土壤的渗透性，加剧土壤板结，减少水分渗透。这种盐碱化的土壤更容易受到水蚀和风蚀的影响，营养逐渐流失、肥力不断下降，直至退化到不再适合农业生产。大多数作物都无法忍受这种高盐环境，会因为盐胁迫而营养失衡，生长和发育受阻，最后中毒死亡。这些过程严重影响了粮食生产，造成了城乡地区的粮食安全风险[2]。

[1] Pimentel et al., (2004)。
[2] Piedra and Cepero (2013)。

土壤盐碱化
对社会经济的影响*

通常情况下，当耕地出现盐碱化时，农民会增施化肥。这影响了一部分农户家庭的经济状况，他们无钱无地，迫于生计只能放弃耕地，不再务农。于是，这些农村人口迁往城市，寻求新的谋生手段，城市开始不断扩张，侵占更多的土地。随之而来的是加剧的粮食短缺、饥饿和贫困问题，社会的健康发展受到严重影响。

* Salvati and Ferrara (2015)。

盐碱土可持续治理

洗盐①

　　土壤盐碱化是个难以攻克的问题，需要对土壤根系层进行洗盐加以治理。这一过程不仅缓慢、昂贵，而且需要大量优质水资源，要求土壤排水通畅。但由于待治理土壤附近的潜在水源本身含盐量可能已经很高了，要引用充足的优质水资源并非易事。

　　如果土壤为碱土，则需要施用大量石膏，将土壤中的钠离子置换为钙离子。当石膏与水慢慢混合，便会释放出钙离子来取代土壤中的钠离子，钠离子则会溶入水中，随着水流向地势低处流动。除了石膏，也可以施用硫酸和单质硫。

① Munns et al., (2002)。
*译者注：原文疑有误，此处根据上下文改为石膏。

石膏*

盐碱土可持续治理

正确施肥

为农作物施肥是土壤盐碱化的成因之一，如果想减少施肥的负面影响，就要注意肥料特性和施肥方法。必须避免过量施肥，要选用高纯度的无氯低盐肥料。通过灌溉水施肥（水肥一体化）能够提高肥料利用率，增加养分有效性，加强对施肥时机的把握，并且轻松调控肥料浓度，从而减少土壤盐碱化，减轻盐胁迫效应[1]。

腐殖质和生物肥料可以通过促进作物根系生长和提高吸收率，使作物形成耐盐性，减轻盐胁迫的危害[2]。

[1] Machado and Serralheiro (2017)。
[2] Ouni et al., (2014)。

盐碱土可持续治理

高效灌溉与排水

　　我们可以从灌溉方式、灌溉制度和人工排水等方面预防土壤盐碱化，减少土壤盐分。为了更好地控制盐分，建议采用地面滴灌、地下滴灌等灌溉方式。再搭配合适的灌溉制度，就能使植物根部周围的土壤长期保持湿润，不断把盐分冲洗至湿润区的边沿，从而减少土壤盐分。如果土壤排水不畅，且地下水位较浅，建议安装人工排水系统[①]。

　　此外，为了确保土地能长期用于种植灌溉蔬菜作物，必须定期淋洗土地。用水量在正常灌溉所需基础之上，还必须加上根系区下渗水量[②]。

[①] Malash et al., (2008)。
[②] Letey et al., (2011)。

盐碱土可持续治理

遗传改良

    植物的耐盐碱性是一种优良遗传性状，科学家在实验室里对植物品种进行筛选和重组，希望通过遗传改良保留这种性状。至于能否成功，取决于这些品种是否存在遗传变异，以及遗传变异的程度如何。遗传改良这一工具既可以加速未被充分利用土地的恢复，也可以提高受盐碱化制约地区农业生产的产量。为此，诸多科学家正努力获取耐盐碱植物品种。他们尤其关注耐盐碱野生亲本基因的植入、野生嗜盐微生物的驯化以及高耐盐碱性相关性状的鉴定。科学家们希望在实验室中培育出这些品种，然后分享给广大农民，从而提高农田的生产力[①]。

[①] González et al., (2000)。

结语

　　读到这里，我们还只了解了土壤盐碱化的冰山一角。这个问题错综复杂，正在加剧世界各地大片农业用地和非农业用地的荒漠化现象。伴随土壤盐碱化不断加剧，我们的环境、社会和经济受到的影响无疑也会不断变大。土壤盐碱化不仅影响着生态系统的生物多样性，而且还影响着粮食的可持续生产。因此，这个问题应该引起我们所有人的关注。人类必须明白，我们每天摄入的食物很大程度上源于土壤，土壤质量的高低决定了我们获取食物的数量多少和难易程度。

　　庆幸的是，我们已经有了可持续土壤管理技术方案，要把这些方案传播到农村地区，才能确保农民付诸实践。尽管如此，我们仍需寻求成本更低的方案来防止土壤盐碱化，提高土壤生产力。土壤这一奇妙的生态系统具有多种环境功能，但如今正面临着严重的退化问题，未来我们应该继续加深对土壤的了解。

参考文献

Food and Agriculture Organization of the United Nations (FAO) (2020). Global Map of Salt-affected Soils (GSAS-map).

González, L. M., Zamora, A., and Céspedes, N. (2000). Análisis de la tolerancia a la salinidad en variedades de Vigna unguiculata (L) sobre la base de caracteres agronómicos, la acumulación de iones y el contenido de proteína. Cultivos Tropicales, 21(1): 47-52.

Letey, J., Hoffman, G.J., Hopmans, J.W., Grattan, S.R., Suarez, D., Corwin, D.L., Oster, J.D., Wu, L., Amrhein, C. (2011). Evaluation of soil salinity leaching requirement guidelines. Agric. Water Manag., 98: 502–506.

Machado, R. M. A., and Serralheiro, R. P. (2017). Soil salinity: effect on vegetable crop growth. Management practices to prevent and mitigate soil salinization. Horticulturae, 3(2): 30.

Malash, N. M., Flowers, T. J., and Ragab, R. (2008). Effect of irrigation methods, management and salinity of irrigation water on tomato yield, soil moisture and salinity distribution. Irrig. Sci., 26: 313–323.

Munns, R., Husain, S., Rivelli, A.R., Richard, A.J., Condon, A.G., Megan, P.L., Evans, S.L., Schachtman, D.P., and Hare, R.A. (2002). Avenues for increasing salt tolerance of crops, and the role of physiologically based selection traits. Plant Soil, 247: 93–105.

Okur, B., and Örçen, N. (2020). Soil salinization and climate change. In: Vara, P.M., and Pietrzykowski, M. (eds.) Climate change and soil interactions. Elsevier. pp. 331-350.

Ouni, Y., Ghnaya, T., Montemurro, F., Abdelly, C., and Lakhdar, A. (2014). The role of humic substances in mitigating the harmful effects of soil salinity and improve plant productivity. Int. J. Agron. Plant Prod., 8: 353–374.

Pickering, W. F. (1985). The mobility of soluble fluoride in soils. Environmental Pollution Series B, Chemical and Physical, 9(4): 281-308.

Piedra, A. L., and Cepero, M. C. G. (2013). La salinidad como problema en la agricultura: la mejora vegetal una solución inmediata. Cultivos tropicales, 34(4): 31-42.

Pimentel, D., Berger, B., Filiberto, D., Newton, M., Wolfe, B., Karabinakis, E., Clark, S., Poon, E., Abbett, E., and Nandaopal, S. (2004). Water Resources: Agricultural and Environmental Issues. BioScience, 54: 909–918.

Salvati, L., and Ferrara, C. (2015). The local-scale impact of soil salinization on the socioeconomic context: An exploratory analysis in Italy. Catena, 127: 312-322.

Singh, A. (2021). Soil salinization management for sustainable development: A review. Journal of Environmental Management, 277: 111383.

Teh, S. Y., and Koh, H. L. (2016). Climate change and soil salinization: impact on agriculture, water and food security. International Journal of Agriculture, Forestry and Plantation, 2: 1-9.

Wall, D. H., Nielsen, U. N., and Six, J. (2015). Soil biodiversity and human health. Nature, 528(7580): 69- 76.

防止土壤盐碱化，
提高土壤生产力

小土块洛基的故事

作者简介

布鲁纳·比森特（Bruna Vicente）是本故事的作者和插画师。她本科就读于南弗龙泰拉联邦大学（塞鲁拉尔古校区），农学专业，目前在巴西圣玛丽亚联邦大学攻读土壤学硕士学位。

道格拉斯·罗德里戈·凯泽（Douglas Rodrigo Kaiser）对本故事进行了校对，做出了重要贡献。他是南弗龙泰拉联邦大学塞鲁拉尔古校区教授，圣玛丽亚联邦大学土壤学博士。

小土块
洛基
的故事

嘿，大家好！我叫洛基。

我是一种高活性淋溶土，来自于片麻岩、云母片岩和石灰岩等岩石。

在我的家乡——巴西东北部，80%以上都是我这样的土壤。

然而，我家乡这里的土壤正在退化，发生了盐碱化。土壤中钠、氯、钙、镁等盐分含量过高，导致孔隙堵塞，土质下降。人类正在掠夺我们，把我和我的兄弟姐妹弄得一团糟。

下面，我就来讲讲我的故事吧，讲讲土壤盐碱化是如何发生的，以及我们怎样才能恢复健康吧。让我们开始吧！

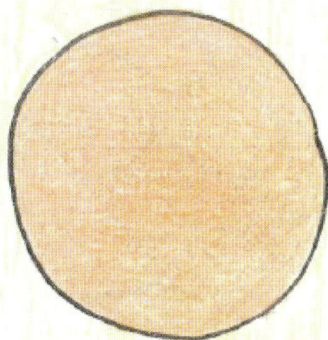

我生活在巴西的一个半干旱地区，这里多为发育不良的土壤。降水稀少，终年炎热，平均气温在25℃以上。

许多年前，火成岩和云母片岩历经变化，形成了今天我这样的土壤。我们是由三相物质组成的多孔介质，对地球上的生命至关重要。

这种变化被称作风化作用，风化作用长年累月地缓慢发生着。

我本来只是一块小小的石头，但随着气温、降水和微生物的变化，我也被风化了。

风化作用分为生物风化、物理风化和化学风化。

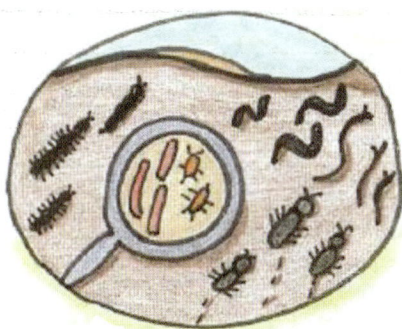

　　我有很多功能，比如为粮食生产提供基质，为动物提供生物质并回收来自动物的营养物质，以及排水。除此之外，我也为诸多微生物和昆虫提供了住所。

你们知道吗，如果我身体结构良好，下雨的时候我就可开心了！雨水降落到我身上，渗入我的孔隙，为我提供了水分！但问题是雨水也会带来侵蚀，发生侵蚀时无法入渗的水在表面形成径流，这会带走我的一部分身体！

不过，我还有一个非常有趣的"超能力"可以让水分子在我的身体里来回移动，这个超能力就是"水势"。水势能够利用毛细作用使水分子向上流动（上升），也能利用重力和入渗能力使水分子向下流动。

这些水分子构成了土壤溶液，为植物生长发育提供了所需的各种营养物质，可以说我也为滋养全人类和动物贡献了一份力。此外，我体内的这些水分不仅是许多化学反应的溶剂，也是小型生物的家园。

管理得当才能获得健康土壤，土壤健康对于可持续的粮食生产太重要了。然而，在我居住的地区，由于特殊的环境导致土壤更易退化，土壤管理条件更加棘手，因此土壤监测至关重要。

　　于是，土壤科学家带我来到实验室，对我进行分析和诊断，确保我的物理、化学和生物指标良好。

　　土壤科学家要认定我是结构良好的土壤，而不是盐碱土，就需要测试一些具体的指标：密度和孔隙度、电导率，还要进行确定pH、钠离子饱和度和钠离子交换量的化学测试。

　　科学家分析的主要指标是电导率，这个指标有助于最快得出结论——如果我的电导率值很低，说明一切正常；如果我的电导率值很高，那就说明出问题了。

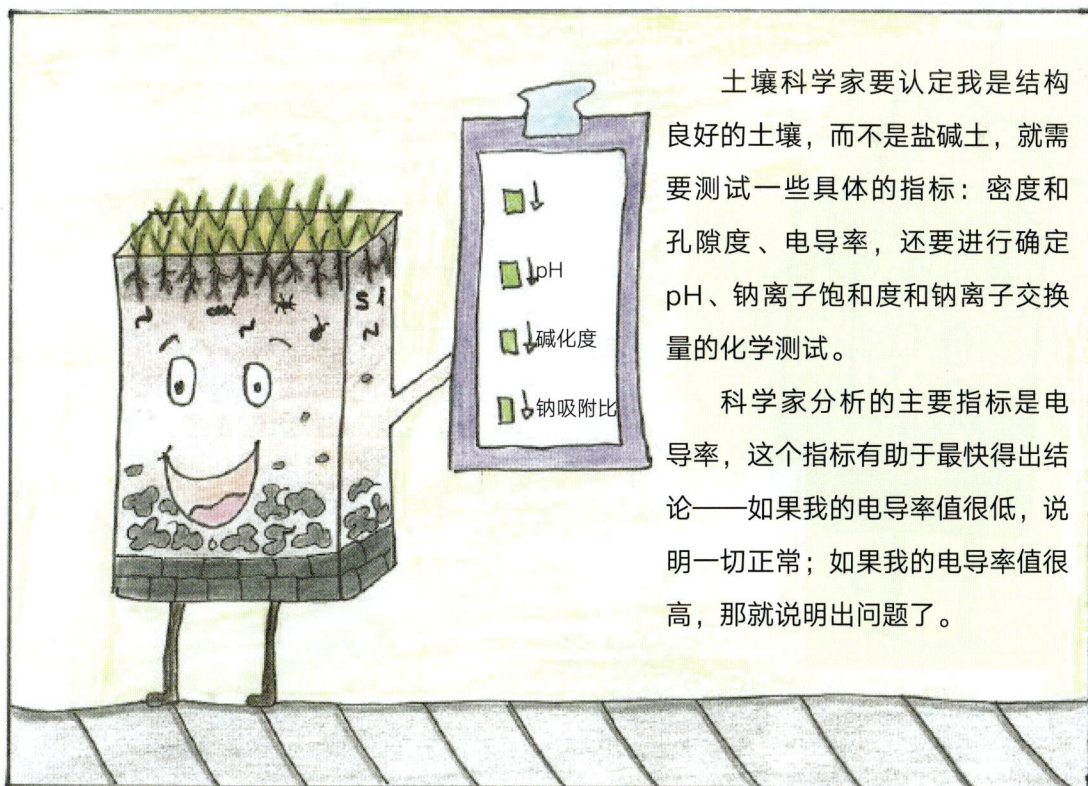

我居住的地方气温过高，降水稀少，因此，为了避免植物在生长过程中缺水，灌溉必不可少。然而，大多数时候灌溉水的质量并不好，含盐量高，导致盐分在土壤表层积聚。

此外，高温导致地下水、土壤溶液和其中的盐分上升至地面，随后水分蒸发，盐分积聚，导致孔隙堵塞。造成土壤盐碱化的主要盐分为钠、镁和氯。

在沿海地区，海风把夹杂盐分的水汽输送到陆地，盐在陆地表面积聚。

孔隙堵塞会导致土壤结构出现问题，如黏土分散，水分无法入渗。

在排水不畅的土壤中，盐分积聚和孔隙堵塞更易导致水土流失，我就会失去身体的一部分。

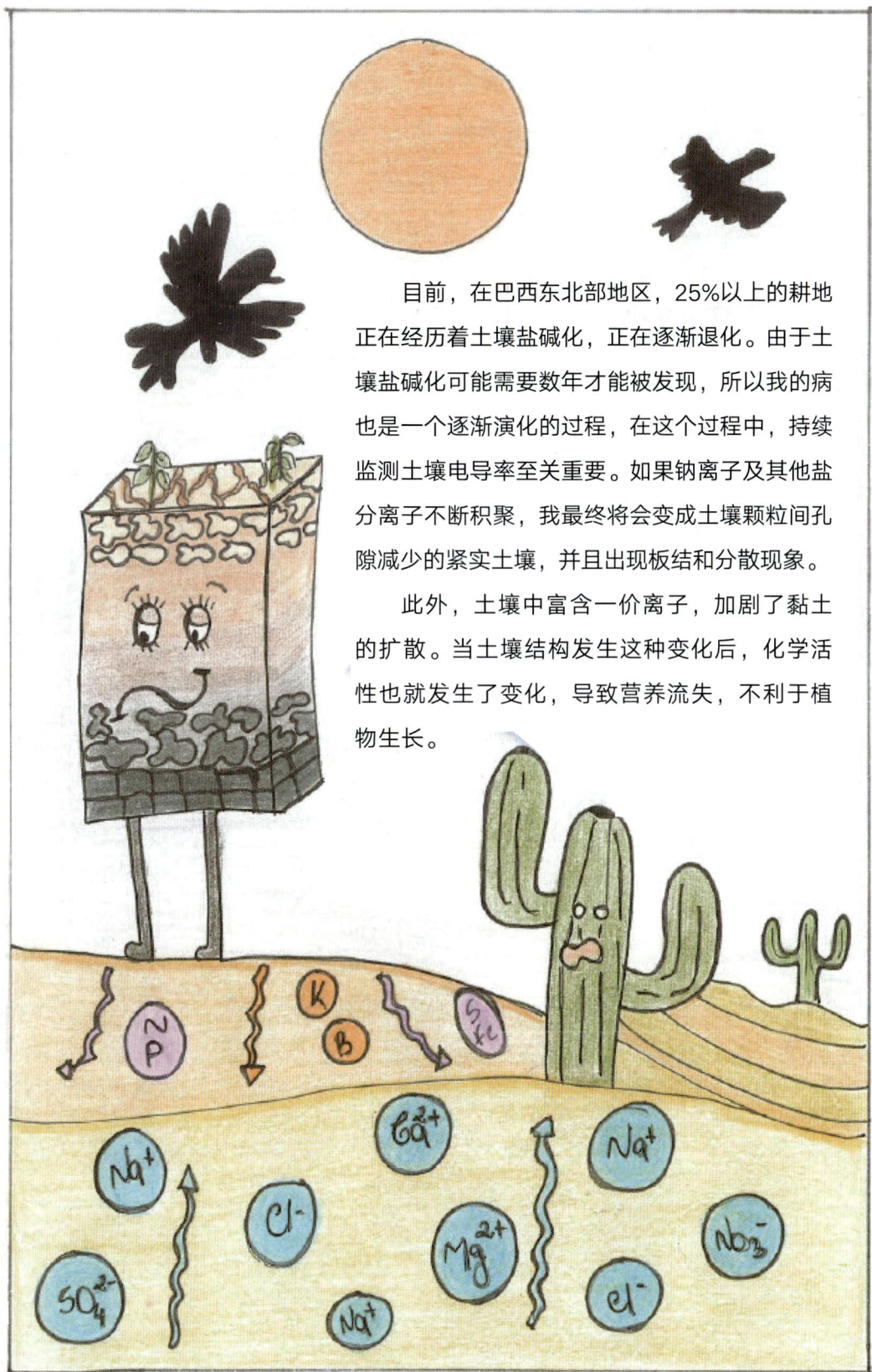

目前，在巴西东北部地区，25%以上的耕地正在经历着土壤盐碱化，正在逐渐退化。由于土壤盐碱化可能需要数年才能被发现，所以我的病也是一个逐渐演化的过程，在这个过程中，持续监测土壤电导率至关重要。如果钠离子及其他盐分离子不断积聚，我最终将会变成土壤颗粒间孔隙减少的紧实土壤，并且出现板结和分散现象。

此外，土壤中富含一价离子，加剧了黏土的扩散。当土壤结构发生这种变化后，化学活性也就发生了变化，导致营养流失，不利于植物生长。

当土壤含盐量超出植物的承受范围时，植物也会生病。由于土壤中水分和营养不足，植物的生长会放缓。当水分严重不足时，植物甚至会凋亡！当植物只能吸收少量水分时，气孔会关闭，光合作用会减弱。而这一切都是因为土壤中的盐分改变了土壤和根系的渗透势，使植物不堪重负！

土壤科学家能够通过实验室分析，判断我是不是正在经历土壤盐碱化。如果我的电导率高，说明我的孔隙中含盐量太高了。不仅如此，实验室分析还可以确定我体内哪种盐分含量最高。而且，当我的pH太低时，说明土壤表面和地下都积聚了盐分。

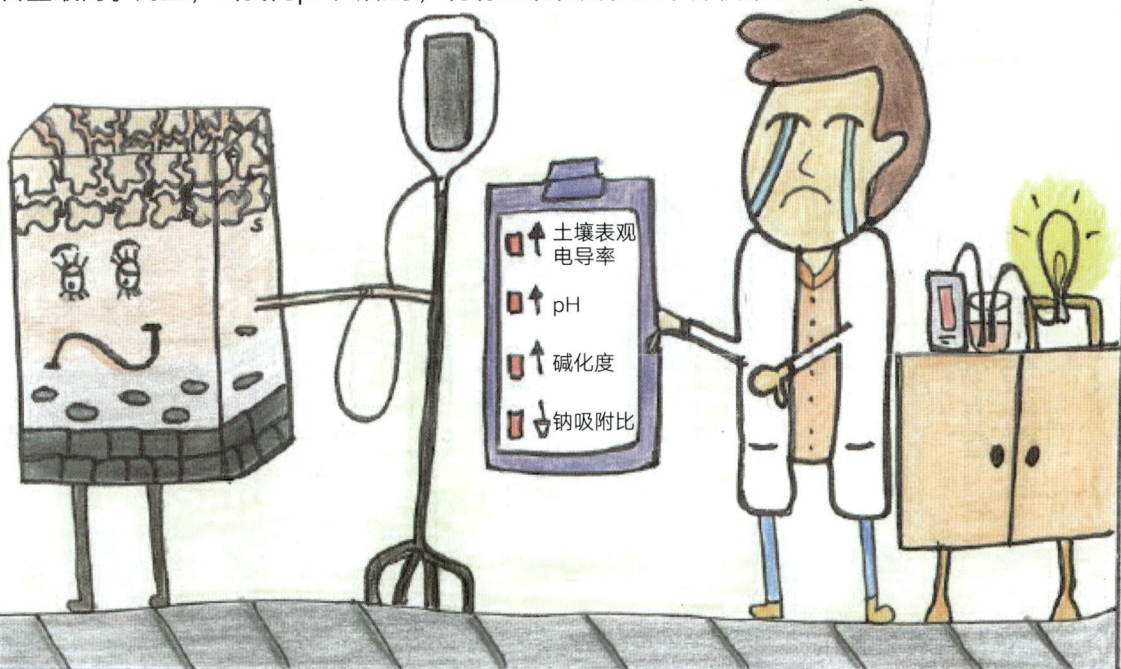

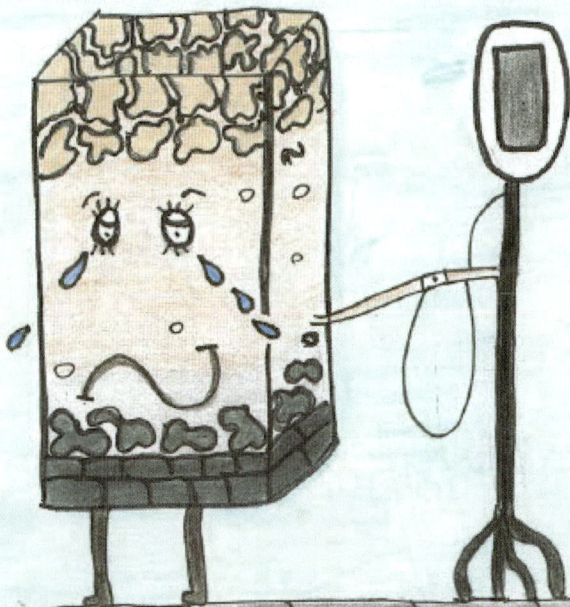

当我结构缺失、营养不良时，我就不能发挥自己的作用了。生活在我体内的植物除了无法适应酸性土壤外，还会遭遇盐害。土壤中的微生物减少，无法分解有机养分使营养物质矿化。此外，孔隙堵塞阻碍水分渗入，水力侵蚀也随之而来。我要找到解决方法，让自己康复，重新变回结构完好的土壤！

当我的测试指标不容乐观时，土壤科学家需要对我进行分析，研究采取什么措施来降低盐度，然后根据分析结果作出决策。但是他说，最好的治疗方法是使用水配合有机残留物对我进行淋洗，同时施用农用石膏。

为控制土壤盐碱化，必须使用灌溉和排水的方法，而且有必要让水分在土壤中渗流出。也就是说，水分需要渗入我的身体里，在各个孔隙间流动。随着水分渗流出，盐分也被带到了地下水位，土壤中的孔隙因此就得到了疏通。清理孔隙的第一步是淋洗，淋洗水需超过植物实际需水量。这样一来，盐分就渗出来了。淋洗是灌溉成功的关键。在含盐量过高的土壤中，只有通过淋洗，才能在不危害作物的同时，将含盐量维持在可接受水平。灌溉用水必须是含盐量低的优质水资源。

施用农用石膏也很重要，所以土壤科学家对我做了各项测试，以确定合理的石膏施用量。他说，石膏中的钙离子带正电荷，可以取代钠离子，和负电荷相结合。这样一来，钠离子就很容易和水一起淋出来，再也不会堵塞我的孔隙了！我体内的水分和空气也能流动起来了！

土壤科学家还建议在治理土壤的同时加施有机质，因为有机质里的离子能够调节化学键，减弱钠离子等离子的结合强度，使其化学键断裂并淋出。

在我们这种半干旱地区种植耐盐作物至关重要，因为即使治理得当，也会有我这种高活性淋溶土的存在，就总会有一小部分盐存在。

棉花和红菜头就是耐盐作物。此外，因为草本植物的根部有助于改善土壤结构，所以也很有必要种植草本植物。

啊，重获健康真好啊！在经历一系列适当的治疗后，我终于可以把体内含盐量控制在可以承受的范围里了！而且，我也不会再遭受土壤流失或因土壤盐碱化而退化了！一定要好好对待我哦，我可是肩负着重任的，我得长出庄稼，养活全球的居民。

每十年，人口就会增加，粮食产量也需要相应地增加，这就需要我履行自己的所有职责。人类必须保护我，维持我的生物功能。

朋友们，我们是不是要照顾好土壤，让土壤资源完好无损呀？

我们一起来学以致用吧！

土壤盐碱化指的是：

A. 土壤中含盐量过高

B. 土壤中养分含量超出植物需求

C. 土壤中含盐量过低

为什么土壤含盐量过高不好？

A. 因为土壤会变咸

B. 因为土壤会退化，植物无法生长

C. 土壤含盐很正常

洛基属于哪一类土壤？

A. 高活性淋溶土

B. 潜育土

C. 黏绨土

谢谢大家，再见！

逆转盐碱化，
保护土壤靠大家

作者简介

蒂鲁妮玛·帕特尔（Tirunima Patle），2015年获得印度贾巴尔普尔贾瓦哈拉尔尼赫鲁农业大学农学院农学学士学位，同年取得维贾亚拉杰辛迪亚农业大学印多尔农学院土壤科学与农业化学专业农学硕士学位，现为该大学瓜廖尔农学院土壤科学专业在读博士，并开展相关研究工作。

治理盐碱化,保护土壤靠大家

防止土壤盐碱化,
提高土壤生产力

蒂鲁妮玛·帕特尔

目 录

什么是盐碱土？

全球土壤盐碱化现状

盐碱土的特征

盐碱土的形成过程

土壤盐碱化的成因

土壤盐碱化的影响

土壤盐碱化的诊断方法

如何逆转土壤盐碱化？

如何复垦盐碱地？

拓展阅读

我们马上就可以回到地球啦！

太好了！

希望我们的家园和从前一样美丽。

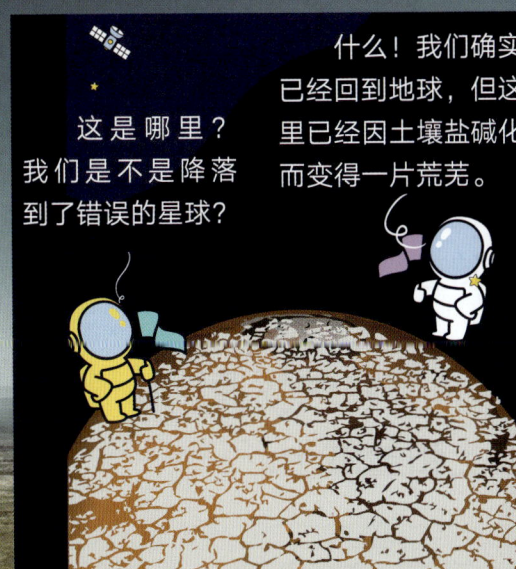

这是哪里？我们是不是降落到了错误的星球？

什么！我们确实已经回到地球，但这里已经因土壤盐碱化而变得一片荒芜。

什么是土壤盐碱化？

且听我细细道来。

我生病了，快来救救我！

什么是盐碱土？

- 盐碱土是指其中溶解了大量盐分，或在土壤基质中吸附了高浓度钠离子的土壤。

- 盐是土壤生态系统的重要组成部分，但特定环境条件可能导致土壤中积聚过多盐分，破坏土壤原本的物理化学和生物特性。

- 按照美国土壤盐碱化实验室的分类标准，盐碱土可以大致分为盐土、碱土和盐碱土。

土壤类型	酸碱度 (pH)	电导率 (EC, 分西门子/米)	碱化度 (ESP)
盐土	<8.5	>4.0	<15
碱土	>8.5	<4.0	>15
盐碱土	>8.5	>4.0	>15

全球土壤盐碱化现状

当前，全球共有8.1亿公顷盐碱化土地，其中碱土4.34亿公顷，盐土3.76亿公顷。

灌溉导致的土壤盐碱化使得每年有1000万公顷耕地在地球上消失。

25%用于灌溉的地下水为咸水或微咸水

盐碱土的特征

参数	盐土	碱土	盐碱土
酸碱度 (pH)	7.5~8.5	>8.5	8.5~10
碱化度 (ESP)	<15	>15	>15
电导率 (EC, 分西门子/米)	>4	<4	>4
盐类	钙和镁的氯酸盐和硫酸盐	碳酸钠, 碳酸氢钠	以上均有
可溶性盐总含量	少于0.1%	少于0.1%	多于0.1%
土壤颜色	白	黑	—
有机质	少	非常少	不一定
物理特性	絮状结构, 透气, 透水	非絮状结构, 渗透性极差	取决于是否含有钙盐或钠盐
别名	白碱土、咸棕土、重盐土	黑碱土、苏打土	盐化钠质土

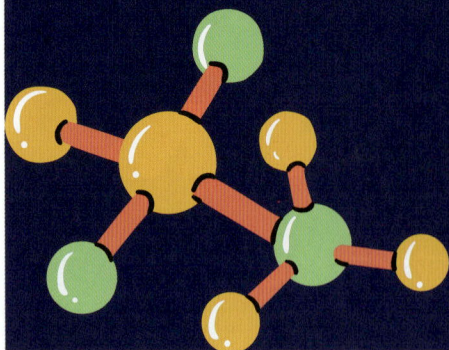

盐碱土的形成过程

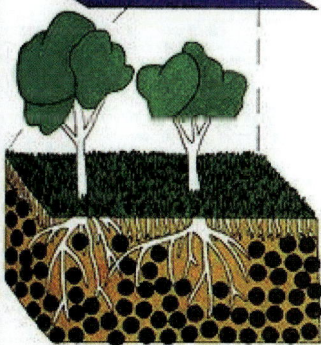

植被覆盖
多数降水被植物原地吸收，水土系统维持平衡。

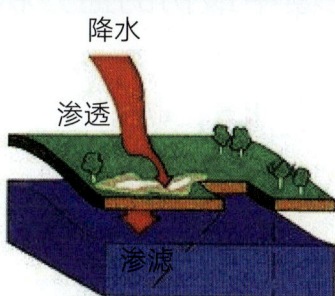

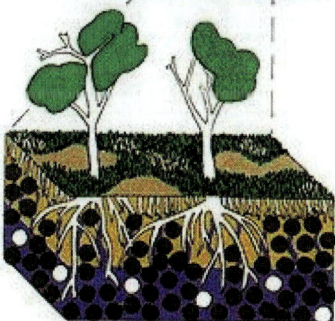

植被消失
在蒸腾作用下，土壤毛细作用使含盐地下水上升到地表层，水分蒸发后，盐分积聚在土壤表层，影响剩余植被的生长。

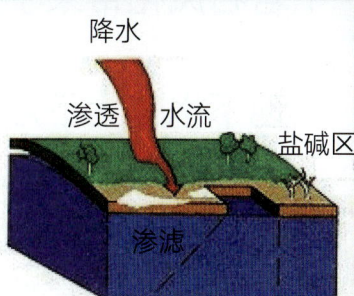

后果
土壤表层盐分积聚导致保护性植被死亡，土地完全失去抵御侵蚀的屏障。

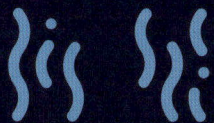

11
钠

20
钙

土壤盐碱化的成因

1.岩石风化带来了土壤中最初的盐分积累。

2.地下水位上下浮动。

3.干旱地区雨水稀少，无法充分滤除盐分，过高的蒸腾速率使盐分最终在土壤各层中积聚。

4.海水倒灌是沿海地区土壤盐碱化的主要成因。

5.使用含有高浓度可溶性盐的水进行灌溉也会导致土壤盐碱化。

土壤盐碱化的影响

土壤盐碱化会对植物生长造成三方面影响：

（1）导致植物细胞渗透势上升，需水量增加；

（2）增加植物体内抑制新陈代谢的离子浓度，引发特异性离子效应；

（3）破坏土壤结构，降低土壤的透水性和透气性。不同植物品种在生长和开花结实方面所受的不良影响也不同。

土壤盐碱化的影响

无毒且相容
的溶质

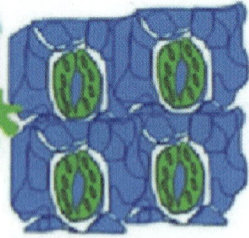

植物细胞气孔在渗透
压或脱落酸的作用下
直接关闭

过高盐分导致细胞
程序性死亡

叶片枯萎凋落

高浓度的钠和氯夺取
了钙、锌、磷和三氧
化氮的运输通道，被
大量运往植物根部

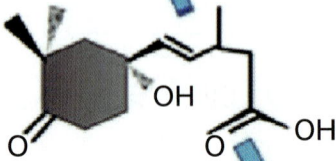

脱落酸

脱落酸在植物根
部和茎部形成，随
后被运往叶片

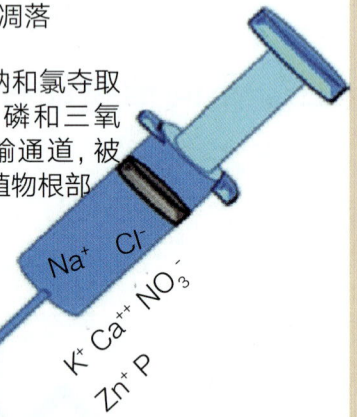

Na^+　Cl^-

K^+　Ca^{++}　NO_3^-

Zn^+　P

吸水速率降低

根系发育受阻

土壤盐碱化的诊断方法

如何判断土壤出现了盐碱化或碱度过高的问题？

土壤问题	表现形式
 1.碱土	**一** 排水不畅，土壤表面存在黑色粉末状物质。
2.咸水灌溉	**二** 植物叶片被灼伤，生长缓慢，发生水分胁迫。
3.盐土和盐碱土 	**三** 土壤表面出现"白霜"，植物叶片被灼伤，发生水分胁迫。
4.土壤碱度过高	**四** 植物营养不良，叶片由黄色或深绿色变为紫色。

如何逆转土壤盐碱化？

以下做法可以缓解盐碱化问题，提升农业生产力：

改善排水，通过淋洗将多余盐分冲走。

种植耐盐作物，降低经济风险，保障土壤覆盖率。

利用农机设备清除地表的盐结晶。

利用石膏、硫酸等化学改良剂重塑土壤酸碱平衡。

用氯化钠浸种、催芽。

利用地膜、秸秆覆盖等减少土壤水分蒸发。

种植吸水性强的作物，避免土壤长期潮湿。

合理施肥，避免过量施肥导致盐碱化。

盐碱土修复

水利措施
- 淋洗技术
- 沥除余水
- 高效排水

化学措施
- 土壤改良剂
- 矿物肥料
- 土壤调理

生物修复
- 盐土农业
- 覆盖护根
- 施用蓝藻
- 施撒绿肥
- 施用有机质

物理修复
- 种植技术
- 松耕土壤
- 刮除盐碱
- 平整土壤

如何复垦盐碱地？

首先要对土壤进行全面地分析，确定石膏用量，对土壤施洒石膏，最后将盐分沥出土壤。

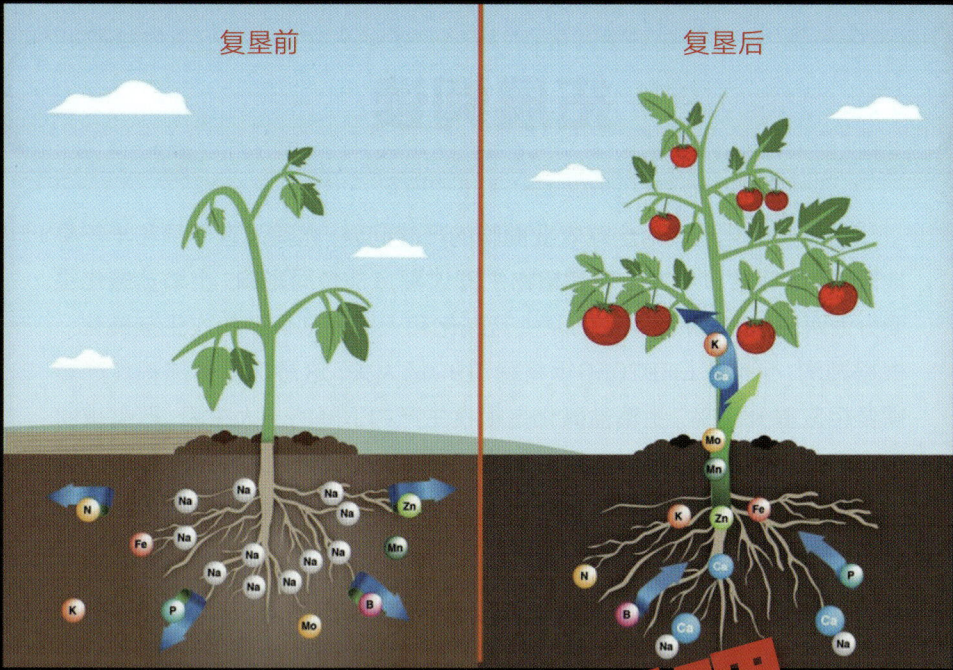

土壤复垦原理

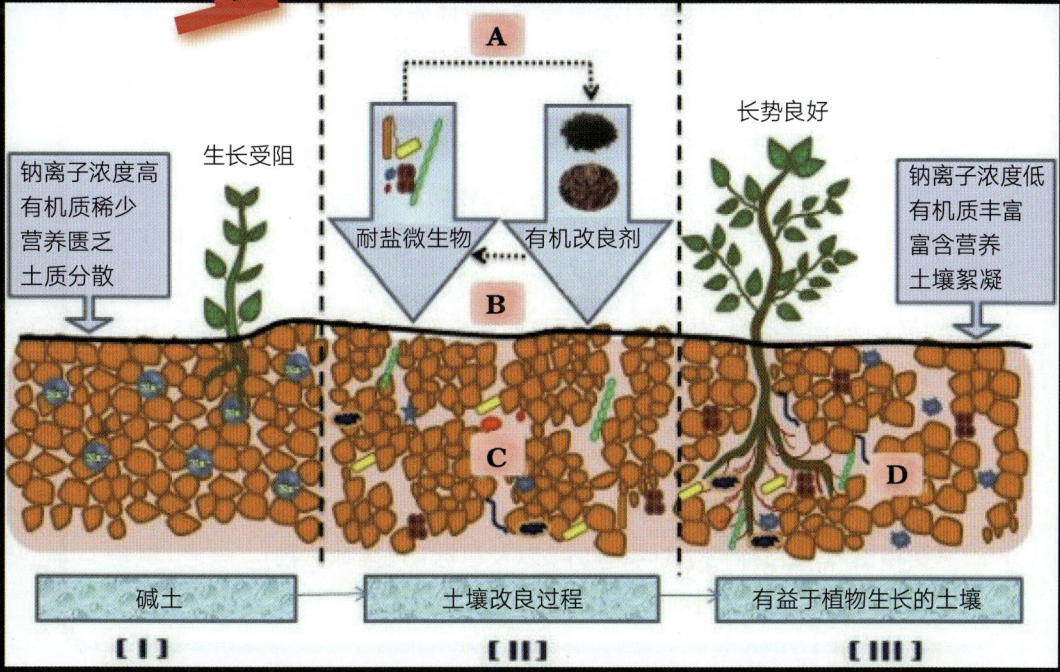

复垦前 复垦后

生长受阻　长势良好

钠离子浓度高
有机质稀少
营养匮乏
土质分散

耐盐微生物　有机改良剂

钠离子浓度低
有机质丰富
富含营养
土壤絮凝

碱土 　土壤改良过程 　有益于植物生长的土壤

【Ⅰ】 　【Ⅱ】 　【Ⅲ】

　　土壤盐碱化已成为全球农业面临的严峻问题，尤其是在干旱和半干旱地区。高浓度盐分会对土质和植物生理过程造成负面影响。土壤盐碱化主要分为两种：自然原因导致的原生盐碱化和人类活动导致的次生盐碱化。根据预测，全球人口在2050年将跨过90亿大关，这意味着全球粮食产量需要相应提升57%。土壤盐碱化是粮食生产力下降的一大主因，严重威胁粮食产能，使得地球难以养活不断增长的人口。此外，土壤盐分升高还会对生态系统造成破坏，影响植物生理过程、微生物群落，以及栖居在土壤中的生物。

　　盐是土壤生态系统的重要组成部分，但在特定环境条件下，过多盐分在土壤各层积聚也会破坏土壤的物理化学和生物特性。

　　近年来，土壤盐碱化鲜少受到关注，但不断减少的耕地和急剧变化的土壤用途已经使土壤盐碱化问题雪上加霜。粮食安全、土地退化、荒漠化、耕地破坏等问题也加剧了为争夺社会资源而导致的社会冲突。人口的不断增长对土地利用提出了新要求，每一片土地都应物尽其用，最大限度施以可适应、可行、可持续的管理技术。多项研究表明，盐会破坏土壤特质、微生物群落、种子萌发、植物生长和土壤生物，这也对农业体系满足全球今后的粮食需求、保障粮食安全造成了挑战。不少较为传统的盐碱土改良技术被广泛使用，但仍旧无法全面解决盐碱土给农业部门带来的困扰。因此，许多新技术随着科技水平的提高应运而生，为高效、可行、可持续的土壤管理措施提供了保障。其中，有些技术侧重于增强植物特性（如种子引发、植树造林、作物选择、遗传改良和农林共生），有些技术侧重于增强土壤特性（如化学改良、生物炭、蚯蚓及蚯蚓堆肥、堆肥、微生物接种剂和电修复），还有些技术双管齐下，协同增强土壤和植物特性。尽管现代技术不断涌现，但要解决盐碱土问题，仍需更加深入的协同、综合和可持续研究提供支持。这些新兴战略有助于实现联合国可持续发展目标中的一些主要目标，如目标2（零饥饿）、目标8（体面工作和经济增长）、目标12（负责任消费和生产）、目标13（气候行动），以及目标15（陆地生物）。总之，综合方法或许能够带来更可观的农业产量和经济效益。

拓展阅读：土壤盐碱化

阅读上文，用完整的句子回答以下问题：

1.哪两个因素导致了土壤盐碱化？

- _____
- _____
- _____

2.请简述盐的重要性。

_____

_____

_____

3.请简述盐碱化的形成过程。

_____

_____

_____

4.土壤盐碱化分为哪几种类型？

_____

_____

5.人们可以采取哪些策略，来实现主要的联合国可持续发展目标？

_____

卡廷加群落保卫战

作者简介

　　本故事由"独奏桥"土壤科普项目成员创作。该项目隶属于巴西圣保罗大学，故事作者来自世界各地：**布鲁尼亚·阿鲁达（Bruna Arruda）**来自哥伦比亚，**马西娅·维达尔·坎迪多·弗罗扎（Marcia Vidal Candido Frozza）**、**纳亚娜·阿尔维斯·佩雷拉（Nayana Alves Pereira）**、**克莱利亚·克里斯蒂纳·巴尔博扎·吉马良斯（Clécia Cristina Barbosa Guimarães）**、**阿尔迪尔·罗纳尔多·席尔瓦（Aldeir Ronaldo Silva）**和**安东尼奥·卡洛斯-阿泽维多（Antonio Carlos de Azevedo）**来自巴西，他们对土壤盐碱化进行了研究，并以"独奏桥"项目吉祥物及相关人物为主角，将盐碱土知识编成了这则小故事。此外，来自巴西的**蒂亚戈·拉莫斯-阿泽维多（Tiago Ramos de Azevedo）**、新西兰的**乔西亚妮·米拉尼·洛佩斯·马泽托（Josiane Millani Lopes Mazzetto）**和哥伦比亚的**威尔弗兰德·费尔内·贝哈拉诺·埃雷拉（Wilfrand Ferney Bejarano Herrera）**共同完成了故事人物设计，巴西的**比阿特丽斯·罗莎·基奥代利（Beatriz Rosa Chiodeli）**负责画册设计，英国的**茜安·特纳（Cyan Turner）**完成了语法校对。

卡廷加群落
保卫战

防止土壤盐碱化，
提高土壤生产力

简 介

故事发生在巴西独有的生物群落区——卡廷加群落。这里的自然栖息地和历史大多独一无二、举世无双。

卡廷加群落主要分布在巴西东北部，独特的干旱气候造就了在此栖居生物的多样性，也使个别地区土壤中的盐分不断累积，土壤发生盐碱化，影响当地生物的生息。

人类活动会加剧土壤盐碱化，且一旦盐碱土形成，便需要花费大量时间和往往超出预期的金钱才能修复。因此，人类需要携手解决土壤盐碱化难题。

作者用自由诗意的语言，将科学知识融入趣味故事，探索当前研究中能解决现实中土壤盐碱化问题的方案。

故事的主人公索林尼奥是"独奏桥"土壤科普项目的吉祥物，也是周游世界保卫土壤的小英雄。在结束亚马逊丛林大冒险后，索林尼奥受命来到急需他帮助的新西兰。在那里，只有少数生物死里逃生，大多数已因脱水而奄奄一息：动物们口干舌燥，植物们也在土壤中干枯凋萎。很快，索林尼奥又收到另一份报告称，澳大利亚也发生了同样的情况。

　　由于两份报告反映的问题十分相似，两地决定携手合作，集思广益，找出解决方案。尽管过程艰难曲折，但两地的土壤和生物总算开始重焕生机。索林尼奥的任务圆满完成！当然，索林尼奥的朋友们还需要在当地再接再厉，修复土壤，不过好在一切终于重回正轨了。然而，索林尼奥还没来得及向朋友们道别，就又收到了来自巴西的求救电话。

　　事不宜迟，索林尼奥立刻乘风驾雾来到了现场。

索林尼奥来到求救地，葱郁的丛林和一座高耸的堤坝首先映入眼帘。但紧接着，旁边一大片沙漠般的荒原吸引了他的注意，那里看上去荒芜萧索，了无生气。

只有一只孤独的小蚂蚁在等着他，小蚂蚁一看到索林尼奥来了，明显松了一口气。

我一接到求救电话就马不停蹄地赶来了，这里发生了什么？

我也不清楚到底发生了什么，但情况恶化已经有一段时间了。这一片地以前既美丽又充满生机，地上有一些大型玉米种植园。丰收时节，人们会欢庆巴西传统节日圣若昂节，每个人脸上都喜气洋洋。但慢慢地，不少生物开始死去，植物枯萎凋零，很多都不再生长，死里逃生的动物们也不得不背井离乡另谋生路。我实在不愿意离开自己的家乡，这才向你求助。我相信，你这位大科学家一定能帮助我们！

我明白了，但我还需要更多信息。情况恶化前，这附近发生过哪些变化吗？

我也说不准，我只记得这里曾经非常好，不仅天上会下雨，管道中也会喷出水来。

小蚂蚁继续说道："但现在，即使水分充足，生物们也只能挣扎求生。"

虽然土地已经基本荒芜了，但是为使干旱的土壤重获生机，这里的灌溉系统依然维持着运作。

听完小蚂蚁的陈述，索林尼奥已经知道是什么原因了。为证实他的想法，他从形影不离的背包中掏出一台电导率仪，对管道中喷出的水进行了分析。一切都水落石出了！

波斯帝国时期的人们就已掌握灌溉系统的相关技术。这个系统可以分渠引水，用可控的方式灌溉土壤，因此被广泛应用于农业。

小知识

电导率仪可以通过水样的导电速率测定水的含盐量。含盐量越高，电流越强。

"亲爱的小蚂蚁，我找到问题的原因了！"索林尼奥说道，"我正是从有类似问题的地方而来。在那里，经过艰苦卓绝的努力，人们已经改善了当地的土质。"

索林尼奥掏出了笔记本和其他用于展示的材料。

土壤盐碱化是个全球性难题，在世界各个区域都有发生。这一现象成因复杂，因此科研人员需要逐地开展研究，才能充分理解盐碱化的过程。

小读者们也可以根据下一页的步骤说明进行实验，看看土壤含盐量过高时，到底会发生什么。

为了理解土壤到底发生了哪些变化，索林尼奥和小蚂蚁做起了实验。实验材料是食盐，化学名称叫氯化钠（NaCl）。

$Na^+ + Cl^- \longleftrightarrow NaCl$

Na^+ = 钠（离子）

Cl^- = 氯（离子）

$NaCl$ = 氯化钠（盐）

实验材料

- 两个容器
- 土壤
- 马克笔
- 标签
- 种子（可自选）
- 水
- 食盐

操作步骤

- 在两个容器中分别放入三分之二的土壤；
- 用马克笔或标签将两个容器分别标记为"有盐"和"无盐"；
- 在两个容器中分别放入等量的种子（如果选择了豆子，放入三颗即可，如果是更小的种子，可以多放一些）；
- 将种子埋进容器的土中；
- 在标记为"无盐"的容器内加入自来水，但不要在土壤中滞水；
- 向一杯水中加入少许盐，搅拌均匀，制成盐水，倒入标记为"有盐"的容器中，同样不要在土中滞水；
- 将两个容器放在光照充足的地方；
- 观察一周。如果土壤变干，就分别再向两个容器中加入自来水和盐水。

示例

无盐　　　有盐

实验结果

1.小心地将种子或种苗从容器中取出，分开放置。

2.请描述种子或种苗的状态：

"无盐"容器：＿＿＿＿＿＿＿＿＿

"有盐"容器：＿＿＿＿＿＿＿＿＿

3.种子是否萌发？

"无盐"容器：是（　）　否（　）

"有盐"容器：是（　）　否（　）

小知识

萌发是植物生长的第一个阶段。种子发芽时大多会裂开，从中长出细小的嫩芽和根须。仔细看，你的种子是这样萌发的吗？

右边的表格详细介绍了不同植物在高盐土壤中的表现。

一些植物在碱化度（ESP）高达40的环境中也能生存，我们称之为对盐碱土耐受的植物，它们能在盐碱土中茁壮成长。其余植物抵御不了这样的环境，我们称之为对盐碱土敏感的植物。

表格1 不同植物*对盐碱环境的耐受度（艾尔斯；韦斯科特，1999）

敏感 （ESP <15）	耐受 （15< ESP <40）	高耐受 （ESP >40）
豇豆	小麦	无芒虎尾草
鹰嘴豆	西红柿	巴拉草
花生	菠菜	棉花
小扁豆	高粱	狗牙根
柑橘	黑麦	甜菜
桃子	水稻	红菜头
橙子	小萝卜	大麦
葡萄柚	洋葱	苜蓿
豌豆	燕麦	
玉米	芥菜	
棉花（萌发阶段）	三叶草	
豆角	甘蔗	
坚果	小米	
落叶果树（苹果、梨等）	生菜	
牛油果	羊茅	
	胡萝卜	

*每列由上至下耐受性逐渐降低。
选自迪亚斯等人2016年发表的文章，原始数据选自艾尔斯和韦斯科特1999年的研究，详见：https://www.ars.usda.gov/arsuserfiles/20361500/pdf_pubs/P2542.pdf。

土壤盐碱化

自然原因

一些全球性因素可导致盐分在土壤中积聚：

· 由海洋吹向陆地的风夹杂盐粒；

· 矿井等采矿区的风会把盐粒吹向附近农田。

一些区域性因素也会造成土壤盐碱化：

· 岩石种类决定当地土壤类型；

· 漫长干旱的季节；

· 地下水位波动。

人类活动

一些人类活动也会加快或加剧土壤盐碱化，一个典型的例子就是使用咸水灌溉。

巴西的土壤盐碱化问题

尽管巴西多地都有土壤盐碱化问题，但在巴西东北部这一现象更为普遍，主要是由当地自然条件所致。

水经过蒸发，就可以轻而易举地转变为气态，但咸水却不是如此。也就是说，水蒸发后，水中的盐仍会留在土壤中，造成土壤盐碱化。如果雨水也不充沛，就无法将土壤中积聚的盐分冲走。

巴西东北部平均气温很高，水分蒸发剧烈，再加之降水稀少，土壤水分无法得到补充，导致当地存在严重的盐碱化问题。

巴西东北部气候干燥，地势平坦，当地土壤形成于这样的环境，也更容易受到盐碱化的影响。

土壤盐碱化的后果

· 盐的物理性质导致土壤孔隙减少；

· 由于许多生物对盐碱土不耐受，导致当地动植物数量降低。

土壤盐分过高时，植物会如何？

当一颗种子被放入盐分过度积聚的土壤，土壤中的离子浓度高于种子中的离子浓度，种子中的水分就会流失到土壤中，以维持离子浓度平衡。水分过度流失，种子就会枯萎死亡。

有盐

土壤盐分正常时，植物会如何生长？

如果土壤中没有过多的盐分，种子中的离子浓度高于土壤，就可以从土壤中吸收水分，萌发生长。

无盐

渗透是指水通过半透膜，从低浓度溶液流向高浓度溶液的过程。半透膜可以让气体和液体通过，直到两边的溶液浓度相等。

我明白了，索林尼奥！那你能将已掌握的知识学以致用吗？我们能不能让这里重焕生机？

我们还得先在这里进行一些研究，毕竟每个地方的需求各不相同。

在研究了当地情况后，索林尼奥找到了小蚂蚁，告诉她当地需要大量淡水，并且修复土壤的过程可能十分漫长和艰巨。

我明白了，不远处有一座堤坝。可以用那里的水吗？

我来的时候，看到周围生长着很多植物，所以应该可以！现在我们得想个办法，把堤坝那儿的水引过来。

于是，索林尼奥和小蚂蚁一同踏上了漫长艰苦的寻水之旅。当他们到达堤坝时，小蚂蚁惊喜地发现了她的蚯蚓朋友们，他们是一群土壤工程师。

你好呀，小蚂蚁！见到你真开心，我们离开家乡后咱们已经有很久没见了，家乡的情况有所好转吗？

不仅没好转，问题还更严重了，这也是我们到这里来的原因。我们正在寻找一些可以解决问题的淡水。

那你们可找对地方了！我叫阿吉尼娅，很高兴认识你们！

索林尼奥和小蚂蚁听了阿吉尼娅的话备受鼓舞。于是向朋友们阐释了他们的想法。小蚯蚓们听到以后还能重回家园，非常高兴，都提出也要来帮忙。

我们可以在土壤中挖掘出狭窄的沟渠，在不伤害环境的情况下建成一个灌溉排水系统。白蚁朋友们也可以来帮忙！

很快，这群小生物们就忙碌了起来，向土壤盐分过多的区域运送淡水。他们想在那里创造一个可以长期抑制水分蒸腾的保水层。

蒸腾是指水分从土壤中蒸发，或通过植物活动流失到大气中，后者也被称为蒸腾作用。

在排盐开始前，阿吉尼娅又说道，只清洗土壤还不够，因为淋洗过程会产生大量需要妥善处理的微咸水。

索林尼奥有些沮丧，但好在阿吉尼娅已进行过研究，知道该如何做。

紧张的忙碌过后，淋洗土壤果然产生了大量微咸水。阿吉尼娅认为是时候开展计划的第二部分了。只见她让风带来大洋洲滨藜的种子，将种子洒遍了整片淋洗区域。

大洋洲滨藜是一种苋科盐土植物，对盐碱耐受度高。因其能在叶片中吸收储存大量盐分，自20世纪30年代起被广泛用于巴西东北部地区。

在等待土壤恢复的过程中，小蚂蚁向索林尼奥展示了她保存的种子，希望有朝一日，她能够播种下这些种子，重新种植玉米。

正如索林尼奥一开始所说，修复土壤的过程漫长而艰巨，但最终盐土植物还是成功减少了土壤中积聚的过多盐分，其他植物也终于重获新生。

小蚂蚁总算是等来了她苦苦盼望的那一天。

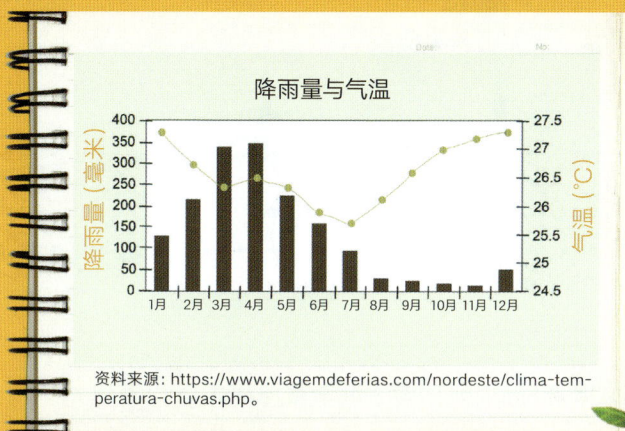

降雨量与气温

资料来源：https://www.viagemdeferias.com/nordeste/clima-temperatura-chuvas.php。

左侧图表中，灰色柱形表示巴西东北部每月的降雨量，绿色圆点表示当地气温。

可以看到，年初的几个月，巴西东北部的降雨更多，更适合播种。

小蚂蚁和索林尼奥小心翼翼地将种子播撒在土壤中，阿吉尼娅帮忙浇水，大家都迫切地盼望着幼苗破土而出。

慢慢地，许多植物的根系开始生长，并通过接触未受影响地区的生物传递着好消息。

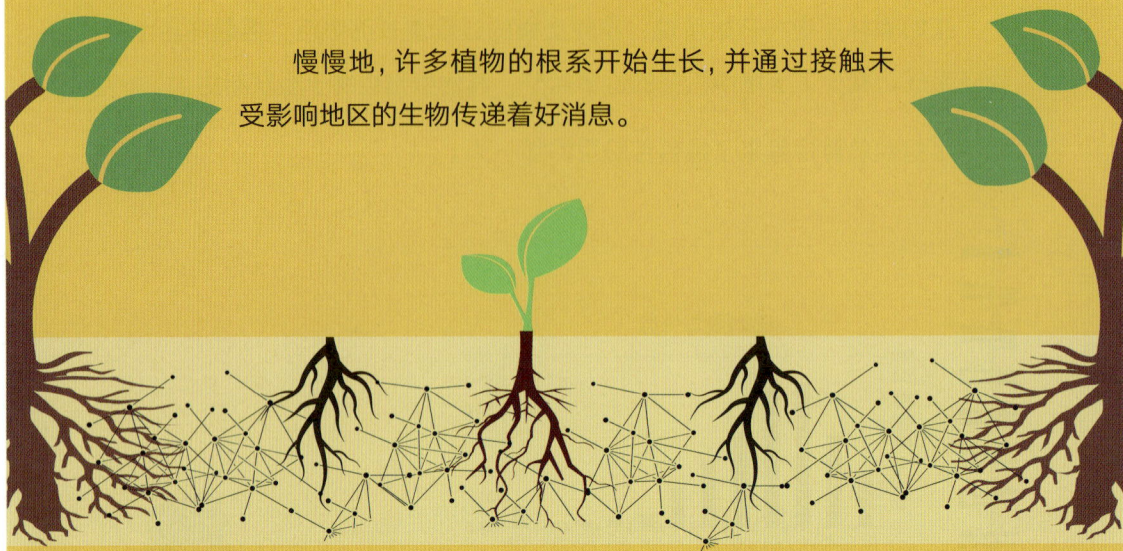

小蚂蚁的朋友们收到好消息后，开始着手准备重返故土。

大家回到了阔别已久的家园，欣欣向荣的玉米田美不胜收，每个人都等待着那最重要的时刻——在玉米丰收的六月欢庆圣若昂节。

巴西在每年六月庆祝圣若昂节。在东北部地区，这正是玉米丰收的时节，当地人也会用玉米制作各种美食。

小知识

小皮帽最初主要用于保护当地牛仔的头部，使其免受卡廷加群落中多刺杂草和日晒雨淋的伤害。但后来，巴西创作歌手路易斯·贡萨加（Luiz Gonzaga）在东南地区的演出中佩戴了几款凸显他东北血统的皮帽，头戴皮帽也因此逐渐发展为一种传统。

美味玉米

欢度完圣若昂节后，索林尼奥明白他的任务已经完成，即使他离开，他的朋友们也会继续好好爱护这里的土壤。

小花和耐盐菌、嗜盐菌的故事

作者简介

梅尔努什·伊斯坎达里·托尔巴甘（Mehrnoush Eskan-dari Torbaghan），1981年出生于伊朗伊斯兰共和国。毕业于马什哈德菲尔多西大学土壤科学专业，2004年获理学学士学位，2006年获理学硕士学位，2017年获哲学博士学位。

现为土壤科学研究员，已在伊朗国内或国际期刊独立或与他人合作发表超过158篇学术论文，编写或翻译7本著作，并主持参与25个科研项目，包括8个在研项目。研究领域主要围绕土壤生物学、微生物学、极端微生物学、植物营养学，以及减轻植物非生物胁迫。

她的表妹**伊尔哈姆·加拉西（Elham Ghalasi）**协助绘制了故事中的插图。

小花和耐盐菌、嗜盐菌的故事

　　很久很久以前，有一片广袤的平原，那里花草满地，绿树成荫，常年一派欣欣向荣的景象。

在平原的某个地方，我们故事的主人公——一朵美丽的小花诞生了。她紧紧依偎着妈妈，好奇地观望着周围的世界。

日子缓缓流逝，小花也一天天地长大了。一天，妈妈对小花说道："妈妈今天要给你讲一个故事，故事里有一只可怕的妖怪，它叫做'盐碱土'。"

小花害怕极了，惊恐地说道：

"妖怪！一只叫做'盐碱土'的妖怪?！"

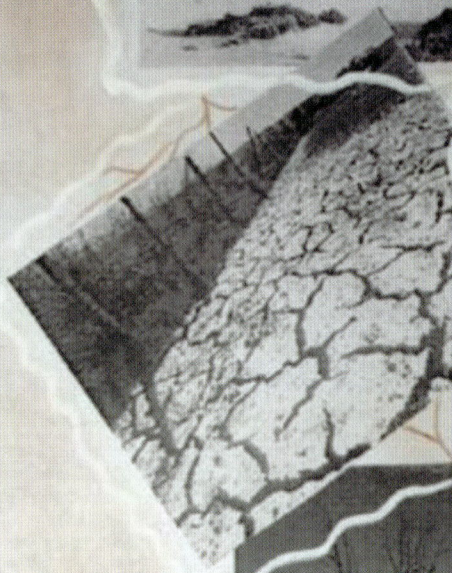

妈妈回应道："没错，这只名叫'盐碱土'的妖怪正在慢慢逼近。总有一天，它会让我们和朋友们都枯萎死去，一点儿都不会可怜我们！"

　　小花思索了一会儿，问道："你是说，到那个时候，我们也会死吗？"妈妈回答道："很不幸，我们都会死。妈妈已经老了，但妈妈担心你、你的朋友，还有我们家园的将来。"

不久之后，小花的妈妈果然离开了，可怜的小花变得孤苦伶仃。更糟糕的是，每天都有几位小花的好朋友被"盐碱土"这只妖怪夺去生命，直到……

直到有一天，小花无意间听到了地下传来奇异的声响，像是在唱歌跳舞庆祝什么。随着声音越来越清晰，小花听到了是两个小生物在对话。

　　"你是说，那只叫'盐碱土'的妖怪也拿你们无可奈何？"其中一个小生物说道。另一个大笑道："那当然啦！'盐碱土'为什么要杀我们呢？我们拥有抗盐碱性，我的一些小伙伴甚至还喜欢盐碱土呢！"

　　小花吃惊地看着他俩聊得热火朝天，不禁开口问道："请问你们叫什么名字？"

(1) 嗜中性菌

细胞膜
细胞质
核糖体
菌毛
鞭毛
荚膜
细胞壁
DNA

(2) 嗜盐菌

氨基酸

第一个小生物回答道: "我们是土壤细菌, 是土壤中的原住民。我叫'嗜中性菌', 整片平原都有我的小伙伴们。我们不喜欢'盐碱土', 土壤中过多的盐分会让我们一命呜呼!"第二个小生物则说道: "我叫'耐盐菌'。我的一些小伙伴喜欢盐碱土, 他们被统称为'嗜盐菌'。"

　　小花目瞪口呆，她继续问道："所以说那只名叫'盐碱土'的妖怪根本杀不死你们？"耐盐菌大笑着回答："那当然！况且为什么'盐碱土'非要杀了我们呢？我们其实是好朋友！对我们来说，'盐碱土'根本不是妖怪。不仅如此，我和我的小伙伴们还能帮助像你一样的小花和小树对付它，让你们再也不用害怕！"

　　"真的吗?"小花惊奇地问。耐盐菌耐心地解答道:"当然!只要你肯让我们在你的根系周围生活,让我们来照料保护你,而且咱们还能相互分享食物呢!"

　　几天以后,小花的根系周围果然只剩下了耐盐菌和嗜盐菌。他们一起庆祝了小花劫后余生,分享了丰盛的食物。

又过了一阵子，那个稚气未脱的小花已经出落成亭亭玉立的少女了。她明白，自己和朋友们再也不会被"盐碱土"夺去生命了。

　　如今，故事里的小花已经成为一位母亲。她也该向女儿讲述"耐盐菌"和"嗜盐菌"这两位老朋友的故事了，告诉女儿他们曾如何帮助自己抵御"盐碱土"的侵害，也期待这份友谊能通过女儿继续传递下去！

联合国粮食及农业组织

防止土壤盐碱化
提高土壤生产力

盐碱土小课堂

作者简介

克里斯蒂娜·勒尔（Cristina Lull），西班牙人，西班牙巴伦西亚理工大学土壤科学家。她热衷于面向年轻群体的土壤知识科普，培养他们爱护土壤的意识。克里斯蒂娜目前在西班牙土壤科学学会主管土壤教育与公众意识部门。她喜欢观察大自然，也喜欢筹备组织活动、制作知识手册，帮助年轻群体了解土壤、爱护土壤。

何塞·曼努埃尔（Jose Manuel），西班牙环境工程学在读硕士。他深信年轻群体需要了解环境知识，才能更好地爱护人类赖以生存的自然环境。为此，何塞设计了不少图文材料来传播环保知识。他还与克里斯蒂娜合著了一则儿童科普故事和一本名为《携手全球伙伴，拯救地球家园》的儿童读物，旨在向少年儿童宣传"联合国可持续发展目标15：陆地生物"的有关知识。

"防止土壤盐碱化，提高土壤生产力"

盐碱土小课堂

我们希望这则小故事可以帮助小读者们：

· 了解土壤盐碱化
· 认识土壤盐碱化的风险
· 掌握防治土壤盐碱化的管理方法

嗨！想和我们一起学习关于土壤盐碱化的知识吗？

你们不是一直想了解盐碱土吗？快来和我们一起看看，可有趣了！

什么是土壤?

首先,我们要向你介绍什么是土壤。来听听巴勃罗怎么说吧!

土壤覆盖在地球表面,是动植物和人类赖以生活的家园。

土壤就是我们的家!

土壤是矿物颗粒、有机质、水、空气和生物的混合物。

土壤和土壤生物能为我们提供食物和纤维。土壤是地下水的天然滤水器,是饮用水的主要来源。另外,还有无数各种各样的生物栖息在土壤之中或土壤表面。

所以说,健康食品何处来?优质土壤少不了!地球生命代代新,土壤基础很重要!

土壤中有盐分存在吗?

我喜欢吃加了盐的咸味爆米花!

答案是:**是的**!土壤中存在不少盐类矿物,比如岩盐、钾盐和硬石膏(一种硫酸盐)等。

岩盐的学名叫做氯化钠,是食用盐的主要成分。

食用盐

在这张照片中,土壤表面覆盖着一层白花花的盐壳。

土壤盐碱化真是我们的噩梦!

真奇怪!这里简直寸草不生!

土壤中的盐分从何处来?

土壤中富含盐分,可能是由于变成土壤的岩石含盐。在矿物和岩石化学风化的过程中,其中的盐会被缓慢释放溶解。

岩石中的矿物在水中溶解的过程就是化学风化,新的矿物质和可溶性盐也会在这个过程中形成。

什么是化学风化?

这是导致土壤含盐的自然原因之一。

海水被强风裹挟到岸上,化成雨水落下,其中的盐分也跟着转移到陆地。所以,越靠近大海的地方,雨水中的盐分越多。

在这种情况下,是自然现象导致了土壤中有盐分存在。

除此之外，灌溉和施肥这两项人类活动也是土壤中盐分增加的主要原因。

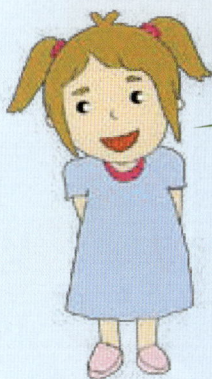

灌溉是指农民在雨水不够充沛时为农田浇水，帮助作物茁壮成长。灌溉用水中就含有盐分。

再生废水一般指经过处理、循环利用的生活污水，其中同样有盐分存在。

合成肥料、生物废渣和堆肥也会增加土壤中的盐分。

合成肥料是指含有一种或多种植物生长所需营养的肥料（如氮、磷、钾元素等）。

堆肥是一种肥料，由分解的树叶草屑、食物残渣，以及其他可循环的有机物质构成，富含植物所需的各种营养。

堆肥

什么是土壤盐碱化？

土壤盐碱化是指可溶性盐在植物根系生长区域不断积聚的现象，这会带来很多危害。

含有大量盐分的土壤通常被称为"盐碱土"或"盐渍土"。当土壤或水中存在大量的盐时，就可以说它们的"含盐量"很高。

这些植物长得好茁壮啊！

因为这里的土壤中没有太多盐分。

土壤盐碱化是一种严重的土壤退化问题，在全球普遍存在。快来看看土壤盐碱化的危害吧！

干燥的盐碱土表面会出现白色盐壳，我可不喜欢待在这样的土壤上面！

另外，生长在盐碱土中的植物即使有充足的水分供给，也依然会出现缺水症状。

这是由于土壤中的盐分会使植物根系难以吸收水分。

当土壤发生盐碱化时，植物还会出现叶片坏死症状。也就是说，土壤中含有过多盐分会导致植物叶片的边缘干枯坏死。

当土壤发生盐碱化时，某些离子还会导致植物中毒。比如，我们熟知的食用盐就是由钠离子（Na⁺）和氯离子（Cl⁻）构成。植物的生长离不开这些离子，但这些离子的浓度过高会对植物产生毒性。正如我们在最开始所说的，还有很多其他盐类物质也是土壤盐碱化的帮凶。

如果你们还不清楚离子是什么，快去问问你们的老师吧！

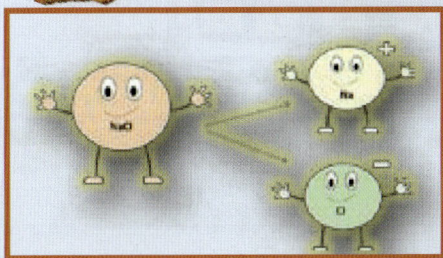

土壤水分中钠离子（Na⁺）浓度较低时，对很多植物品种是有益的，但浓度过高时就会产生毒性。为了更清晰地说明这一点，我们不妨来做个小实验！

盐分在种子萌发中的作用

萌发是指植物种子发芽,发育成幼苗。那么盐在这个过程中起到了怎样的作用呢?

我们一起来做个实验,看看种子在发芽过程中遇到盐分会发生怎样的变化吧!

实验材料
· 四个容器
· 厨房纸或棉絮卷
· 豆子、麦粒或苜蓿种子
· 盐和一把勺子
· 水和四个水杯

盐溶液
· 溶液1:一杯清水不加盐
· 溶液2:一杯清水加半勺盐
· 溶液3:一杯清水加一勺盐
· 溶液4:一杯清水加两勺盐

实验方法
· 第一步:将四个容器分别标上序号1、2、3、4。
· 第二步:取16片厨房纸或16个棉絮卷平均分成四组,每组四片或四卷。用每组厨房纸或棉絮卷分别蘸取一种溶液,从中取出两片铺在容器底部。
· 第三步:在每个容器中放入六粒种子。
· 第四步:将余下两片厨房纸或两个棉絮卷盖在对应容器的种子上。
· 第五步:用保鲜膜将容器密封。

耐心观察种子发芽吧!

这个实验在花盆中也能进行! 我们可以在花盆中装上泥土,把种子放入土中,再在上面覆盖一层薄土,之后分别用上述四种溶液为种子浇水,最后用塑料袋将花盆包裹住。

这两个实验都要进行3~7天,甚至更久。

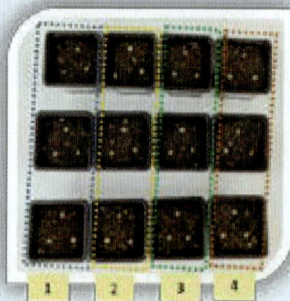

各个容器内的种子会长得怎么样呢? 科学家认为,土壤含盐量高会抑制种子萌发,你们的实验结果能证明这一点吗?

观察结果
√ 记录萌芽的种子数量
√ 记录豆苗的高度
√ 借助图表等合适的工具分析实验结果

盐土植物：植物中的高盐爱好者

从前面的实验中我们可以看出，很多植物并不喜欢含盐量过高的土壤环境。

但是，有些植物在含有大量盐分的土壤中却能良好生长，这类植物就叫做"盐土植物"。

盐土植物

补血草属植物

真有趣！

盐碱土也构成了奇妙的自然生态系统，广泛存在于沼泽、沿海平原和内陆地区，其中内陆地区包括干旱和半干旱地区。

爱护这些生态系统也是保护环境的重要一环。

如何治理土壤盐碱化?

我们可以向土壤表面喷洒盐分很低的水,稀释土壤中的盐分,将其冲刷到植物根系以下的地方。

你真博学!盐溶于水,所以当我们向土壤表面浇水时,土壤中的盐就会像糖一样溶解,随水流去往土壤更深处。

我们得去除植物根系周围的盐分!

不同作物在盐碱土中的生存能力大不相同,因此我们可以选择种植耐盐碱的作物。

我们可以选择在中等盐碱含量的土壤中也能存活的作物或饲草。

马铃薯和豌豆具有耐盐碱性吗?快动动双手查一查吧!

今天的盐碱土小课堂就到此结束啦！希望你们喜欢我们的介绍！

我们编写这则小故事是为了助力实现联合国可持续发展目标，特别是"目标2：零饥饿"和"目标15：陆地生物"。

目标2：零饥饿	目标15：陆地生物
改善耕地和土壤质量，终结饥饿。	保护、修复及促进陆地生态系统可持续利用。

很少有植物在盐碱土中能依然长得很好，因此土壤盐碱化往往会对当地作物品种的选择提出限制。

注：本篇中蚂蚁和蜗牛的卡通形象由弗朗西斯科·哈维尔·加兰·翁鲁维亚（Francisco Javier Galán Onrubia）设计。

图书在版编目（CIP）数据

盐碱土探秘：全球精选十大儿童科普故事 ／ 联合国粮食及农业组织，国际土壤科学联合会编著；赵文佳，吕艾琳，张冕筠译 . -- 北京：中国农业出版社，2025.6 . -- (FAO中文出版计划项目丛书) . -- ISBN 978-7-109-33293-5

Ⅰ . S155.2-49

中国国家版本馆CIP数据核字第20254F9Y25号

著作权合同登记号：图字01-2024-6556号

盐碱土探秘
YANJIANTU TANMI

中国农业出版社出版

地址：北京市朝阳区麦子店街 18 号楼
邮编：100125
责任编辑：张楚翘
责任校对：吴丽婷
印刷：北京通州皇家印刷厂
版次：2025 年 6 月第 1 版
印次：2025 年 6 月北京第 1 次印刷
发行：新华书店北京发行所
开本：700mm×1000mm　1/16
印张：10.75
字数：139 千字
定价：89.00元